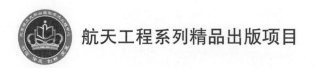

航天工程系列精品出版项目

SPACE ENVIRONMENT

空间环境学

全荣辉　方美华　郭义盼　编著

北京理工大学出版社
BEIJING INSTITUTE OF TECHNOLOGY PRESS

内 容 简 介

空间环境学主要是研究大气层以外的各类空间环境现象及其对人类航天活动的影响,它涉及地球物理学、航空宇航科学与技术、核科学与技术等多个学科知识,研究空间环境学目的在于通过掌握与利用太空环境资源,更好地服务于工程设计、地面与空间实验、空间探测与太空资源开发等各类航天活动。

本书共分为 7 章,包括绪论、太阳的组成与活动、中性大气环境、地球磁场与引力场、等离子体环境、高能粒子辐射环境、微流星与空间碎片环境。本书着重阐述了空间环境的基本特征,兼顾空间环境对航天器或地面系统的影响。本书可以作为高等院校飞行器设计、人机与环境工程、航空航天工程等航天类相关专业本科生或研究生的教材,也可以作为相关领域研究人员的参考资料。

图书在版编目（ＣＩＰ）数据

空间环境学 / 全荣辉,方美华,郭义盼编著 . -- 北京 : 北京理工大学出版社,2022.5
ISBN 978 - 7 - 5763 - 1275 - 1

Ⅰ. ①空… Ⅱ. ①全… ②方… ③郭… Ⅲ. ①航天环境 Ⅳ. ①X21

中国版本图书馆 CIP 数据核字（2022）第 066897 号

出版发行 / 北京理工大学出版社有限责任公司

社　　　址 / 北京市海淀区中关村南大街 5 号
邮　　　编 / 100081
电　　　话 / (010) 68914775 (总编室)
　　　　　　 (010) 82562903 (教材售后服务热线)
　　　　　　 (010) 68944723 (其他图书服务热线)
网　　　址 / http://www.bitpress.com.cn
经　　　销 / 全国各地新华书店
印　　　刷 / 三河市华骏印务包装有限公司
开　　　本 / 787 毫米 × 1092 毫米　1/16
印　　　张 / 12.5
彩　　　插 / 5　　　　　　　　　　　　　　　　　　　责任编辑 / 徐　宁
字　　　数 / 214 千字　　　　　　　　　　　　　　　文案编辑 / 魏　笑
版　　　次 / 2022 年 5 月第 1 版　2022 年 5 月第 1 次印刷　责任校对 / 周瑞红
定　　　价 / 56.00 元　　　　　　　　　　　　　　　责任印制 / 李志强

PREFACE 前言

随着航天器技术的进步，人类对太空的认识不断深入。在航天活动过程中，始终不可避免的一个问题是"空间环境对于航天活动有什么影响？"为了更好地回答这个问题，我们需要了解空间环境的组成，各组成的变化规律和对航天器及航天员的影响过程。

本书简要介绍了近地空间环境的基本组成。由于太阳活动的影响可以抵达近地空间，因此本书首先介绍了太阳的组成及活动，随后依次介绍中性大气环境、地球磁场与引力场、等离子体环境、高能粒子辐射环境、微流星及空间碎片环境。这些环境构成了常见的空间基本要素，但并不包含空间环境的所有内容，特别是一些局部典型的极端环境。

考虑到本书主要面向航天类专业的本科生及研究生，我们在各章中引入适量的理论公式及数学模型，用于定量描述各类环境的基本特征，并对引起的环境效应进行初步分析。目前，空间环境的理论正不断地更新和发展，若详细展开，本书每章内容都可以扩充成相应的著作。为了保持本书的整体流畅性和引导作用，我们做了较多删减，仅保留基础理论内容。更深入的知识，读者可以通过参考文献或相关资料进行学习。

本书第 1、2、4、7 章由全荣辉编写，第 3 章由郭义盼编写，第 5、6 章由方美华编写，最后由全荣辉负责统稿。虽然编者在空间环境学领域均有多年教学经验，但由于编写教材经验尚浅，不足之处在所难免，特别是对章节内容详略的把握，以及素材的应用方面。编者在此抛砖引玉，恳请各位读者不吝赐教，以期能不断改进，让更多的读者准确地了解和利用空间环境，这也是本书的主要目的和意义。

全荣辉

2021 年 10 月

缩　略　词

ACE	Advanced Computer Explorer
CIRA	COSPAR International Reference Atmosphere
CMAM	Canadian Middle Atmosphere Model
CME	Coronal Mass Ejection
COSPAR	Committee On Space Research
CRÈME	Cosmic Ray Effects on Micro – Electronics
DMSP	Defense Meteorological Satellite Program
ENVISAT	Environment Satellite
EOS	Earth Observing System
ESA	European Space Agency
ESD	Electro – Static Discharge
GCR	Galaxy Cosmic Rays
GCPM	Global Core Plasma Model
GEO	Geostationary Earth Orbit
GOES	Geostationary Operational Environmental Satellite
GPID	Global Plasma Ionosphere Density Model
GPS	Global Positioning System
GTO	Geostationary Transfer Orbit
HEO	Highly Elliptical Orbit
HRDI	High Resolution Doppler Imager
HWM	Horizontal Wind Model

IGRF	International Geomagnetic Reference Field
IGSO	Inclined GeoSynchronous Orbit
IMF	Interplanetary Magnetic Field
IRE	Institution of Radio Engineers
IRI	International Reference Ionosphere
ISEE	International Sun – Earth Explorer
ITRS	International Terrestrial Reference System
JPL	Jet Propulsion Laboratory
LEO	Low Earth Orbit
LET	Linear Energy Transfer
LDEF	Long Duration Exposure Facility
MEO	Middle Earth Orbit
MLT	Magnetic Local Time
MSISE	Mass Spectrometer and Incoherent Scatter Radar Extended
MTO	Medium Earth Transfer Orbit
NASA	National Aeronautics and Space Administration
NEA	Near – Earth Asteroid
NIEL	Not Ionization Energy Loss
NRL	Naval Research Laboratory（US）
NSO	Navigation Satellite Orbit
ORDEM	Orbital Debris Engineering Model
PHA	Potentially Hazardous Asteroid
PIC	Particle – in – Cell Method
PRARE	Precise Range And RangeRate Equipment
REEF	Realistic Electron Exposure Facility
SDO	Solar Dynamics Observatory
SDPA	Space Debris Prediction and Analysis
SBUV	Solar Backscatter Ultraviolet Instrument
SEB	Single Event Burnout
SEE	Single Event Effect

SEFI	Single Event Functional Interrupt
SEGR	Single Event Gate Rupture
SEL	Single Event Latch – up
SET	Single Event Transient
SEU	Single Event Upset
SME	Solar Mesosphere Explorer
SMM	Solar Maximum Mission
SPDD	Single Particle Displacement Damage
SPE	Solar Proton Event
TID	Total Ionizing Dose
TIDI	TIMED Doppler Interferometer
TIMED	Thermosphere Ionosphere Mesosphere Energetics and Dynamics
TOMS	Total Ozone Mapping Spectrometer
UARS	Upper Atmosphere Research Satelite
URAP	UARS Reference Atmosphere Project
URSI	Union of Radio Science
WACCM	Whole Atmosphere Community Climate Model
WGS 84	World Geodetic System 1984
WINDII	Wind Imaging Interferometer

目　录
CONTENTS

图目录

表目录

第 1 章

绪　　论

空间环境是伴随航天技术发展出现的新领域，它的主要研究对象是位于地球大气对流层以外的空间，不过其影响却可以到达地面的通信、输油、电力等系统。随着人类航天活动的不断拓展，航天器和航天员接触的空间环境更为复杂，研究空间环境的重要性也日益突显。空间环境效应的影响一直不可忽视，只有掌握了空间环境作用的规律，才可以保障航天任务顺利地进行。本章将简要地介绍空间环境的基本概念、主要影响和风险评估方法。

1.1　空间环境的基本概念

1.1.1　空间环境研究区域

空间环境也被称为空间天气（space weather），主要的研究区域为地球对流层之上到整个日球层边界的空间。在 19 世纪以前，人类的活动范围主要局限于岩石圈与对流层之间。随着 20 世纪中期火箭与卫星等航天技术的出现和发展，人类发现天空的云层之上也充满着各种各样的物理现象。我们把对流层以上的各类环境现象统称为空间环境，这些现象时刻处于或快或慢的变化之中，就像地面的天气活动一般，因此被称为空间天气。

21 世纪以来，国家经济和国防发展越来越依赖于空间技术，例如导航、通信、勘察和探测等，空间环境的重要性也日益突显，其影响不仅局限于在轨卫星，而且延伸到地面的电力、石油、通信、气候等各个领域。

图 1.1 所示为 NASA 日地空间环境现象的研究路线，磁层、空间等离子体、行星环境比较为建议研究的空间环境现象，载人航天、电力与通信、航天器运行、气

候变化为对空间环境技术影响的研究。在实际应用中，空间环境对航天员生命安全、航天器可靠性、通信系统与电力系统稳定性，乃至地面气候变化都有重要研究价值。如图 1.1 所示，两条研究路线是相辅相成的，都具有同等重要的研究价值。只有进一步了解和掌握空间环境规律，做好航天器设计，才可以顺利完成各项航天任务，这对于近地和深空的航天活动都是同样重要的。

图 1.1　日地空间环境现象的研究路线（来源于 NASA）（见彩插）

太阳是空间环境中重要的研究内容。通过大量的观测发现，太阳是驱动地球乃至整个日球层空间环境变化的主要源头。图 1.2 所示为太阳、行星际与地球磁场，这也是近几十年的研究成果。太阳风从太阳表面出发，在行星际中形成变化的磁场、波动能量和粒子通量特征。在 1 AU（日地距离）附近，太阳风与地球磁场相互作用形成了独特的磁场形貌，同时，它们相互的作用是构成地球磁层重要能量和粒子的来源。地球的电离层与大气层对太阳风活动以十分复杂的方式进行响应，电离层粒子在太阳风引起的磁暴等空间天气活动中，可以沿磁力线上行注入磁层。而地球的中高层大气受到太阳光和太阳风等离子体的双重影响，密度和温度等系数随等离子体分布将发生区域性和周期性的变化。

"磁层－电离层－中性大气"三者构成了高度复杂的耦合系统，如图 1.3 所示，

图 1.2　太阳、行星际与地球磁场（来源于 NASA）

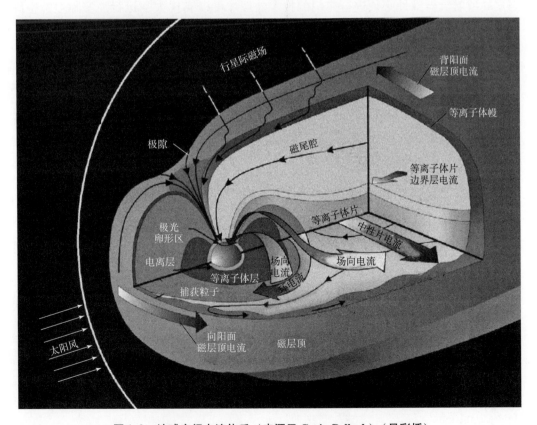

图 1.3　地球空间电流体系（来源于 Craig Pollock）（见彩插）

许多大尺寸的空间电流体系存在于地球上空。受地球磁场的约束作用，空间中带电粒子集中在磁层的两个主要区域，形成了地球辐射带，即范艾伦辐射带（Van Allen Belt）。在地球磁层中，冷等离子体形成的区域被称为等离子体层。这些冷等离子体沿地球磁力线做螺旋线运动，在地球高纬度地区耦合进入电离层和中性大气层。

人类大部分航天活动主要在近地空间中进行，因此直接受到地球磁层和等离子体层的作用及影响。在地面的电力、输油管道等系统，同样也受到地球磁场变化的影响而产生感应电流，导致额外的负载或侵蚀。我们学习空间环境知识，不仅需要了解空间环境中各种现象的物理规律，还需要掌握空间环境技术对系统的影响过程。在此基础上，我们才能采取经济有效的防护措施，实现对空间现象的高精度探测和航天活动的顺利开展。

1.1.2 空间环境的组成

在太空中，最容易感受到的环境因素包括低重力、高真空和大温差，这些环境因素导致航天器部件必须进行专门的技术处理才可以实现太空运行。实际上，空间环境不仅包含上述环境因素，还包括稀薄的中性气体分子、等离子体、高能粒子、各种电磁辐射和微流星及碎片等。

热真空环境效应是航天器运行首先要进行评估的环境问题。在空间环境中，热辐射和热传导成为热量的主要传递方式。航天器往往同时面临太阳辐照带来的高温加热和太空冷黑环境引起的低温冷却两种状态。而航天器的大部分电子器件往往仅工作在一定温度范围内，例如 $-60 \sim 50$ ℃。因此，航天器在真空环境中进行热防护处理是重要的设计和实验环节。

中性气体分子主要来源于大气层，在较低高度轨道中存在比较明显。中性气体分子对航天器的机械作用包括拖曳效应和溅射作用，它可以引起航天器运行轨道高度的下降和重返地球时的黑障现象。另外，对于低轨道上的航天器，还必须考虑原子氧的侵蚀效应，原子氧的侵蚀效应可以导致航天器材料表面氧化剥蚀和航天器辉光等现象。还有极少量的中性原子处于较高的能量状态，主要是由热离子捕获电子而形成的，这一现象归于粒子辐射效应。

中性气体分子分布不均匀形成了真空环境，从地面压强 10^5 Pa 到 20 km 高度，气压将下降一个量级，而到 1 000 km 轨道高度，气压将下降到 10^{-6} Pa 以下。气压的变化也为航天器带来一系列问题，例如压力差效应——它会造成航天器燃料罐破裂，材料出气效应——它会造成分子污染，等等。真空环境作为空间中的一个基本要素，一直伴随着航天器从发射到寿命结束的各个历程。

等离子体环境在地面 60 km 以上高度出现，即电离层区域，它在磁层也同样广泛存在。电离层中等离子体的形成与太阳短波紫外辐射相关。当中性气体分子吸收太阳光中紫外线的辐射能量时，通过光电离现象失去电子而形成等离子体。电离层对地面无线电波反射和传播有着重要意义。正因为电离层的存在，低频电波才可以通过其反射和地面中转发射，实现跨洲际距离传播。

与电离层中等离子体的形成不同，磁层中等离子体的来源主要包括两部分，一部分是电离层上行粒子，另一部分是太阳风沉降和磁尾注入粒子。磁层中等离子体受到地球磁场的严格束缚，形成两个相对集中的区域被称为地球辐射带。等离子体中电子密度、能量和平均自由程因所在区域不同有极大的差别，如图 1.4 所示。

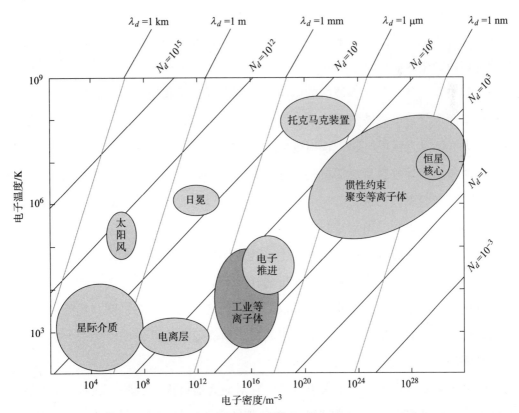

图 1.4　不同区域等离子体中电子密度、能量和平均自由程的差别

（来源于 Standford University）

如图 1.4 所示，空间中等离子体电子密度变化跨越 6 个量级，其能量变化跨越 5 个量级。特别是对于地球不同区域，其等离子体中电子参数差异造成空间环境效应风险不同。以地球静止轨道（Geostationary Earth Orbit，GEO）为例，低密度高能量等离子体造成航天器表面充电问题，威胁航天器太阳电池等电源表面结构的安全。而在电离层，高密度低温等离子体造成表面充电问题风险极低，反而为地面电波反射提供了良好的屏障。

除等离子体外，空间中还包含各种类型的中高能粒子，它们主要有三个来源：地球辐射带所约束的高能电子、质子和其他带电离子；太阳高能粒子事件所产生的高能质子和其他离子，也被称为太阳宇宙线；太阳系外的银河宇宙线。

这些高能粒子给航天器和航天员带来高风险辐射效应，因此大部分航天器上都装载相应的探测器。不同能量的高能粒子，其通量有巨大的差异。一般情况下，高能粒子的能量越低则通量越大。对于能量 0.1~10 MeV 高能粒子，我们通常关注的是总剂量效应。而对于 1 GeV 以上高能质子和重离子等，单粒子效应与辐射效应密切相关。此外我们还关注高能电子的充电效应，它可以穿入航天器内部材料形成高电位并造成放电现象。

空间中电磁环境包括各波段的电磁波、行星际磁场和地球磁场，以及行星际和地球的空间电场。电磁波主要来源于太阳，但地球也会反射和发射一部分电磁波。同样，人类活动造成的电磁波辐射现象也是不可忽略的。电磁波的主要效应为热辐射，同时包括紫外辐射造成的材料老化、光电子效应等。

地球磁场与引力场也是空间环境中的重要内容。地球磁场会通过磁矩作用影响航天器姿态，它也可以用于控制航天器姿态。航天器导体切割地球磁场磁力线时会产生感应电场，感应电场可以用于产生电能或作用于航天器产生拖曳效果。相比地球磁场，行星际磁场十分微弱，因此目前在航天器设计中极少考虑它的影响。由于地球形貌的不规则，引力场的差异可以造成航天器轨道计算的误差。此外月球和其他天体的潮汐引力现象也不可忽略，因此对于精确定轨卫星，准确的引力场模型是十分必要的。

微流星主要产生于太阳系内小行星，它对航天器有撞击威胁，随着微流星尺寸的增加危害程度变大，但大部分微流星极其细小，质量在 mg 量级至 μg 量级或以下，因此其主要通过积累效应来体现危害。与微流星类似，人类航天活动所产生的空间碎片也具有同样的危害。在地面可以通过雷达或天文望远镜观测大尺度空间碎片，因此航天器容易提前避开。而直径在 mm 量级至 $1 \sim 2$ cm 的空间碎片，地面很难观测到，它们对航天器的撞击是十分致命的。至于更微小的空间碎片，它们数量众多，在航天器表面也可以形成积累效应。

以上是空间环境的基本组成要素，它们包括了太阳系空间较为普遍的环境特征，但不包含所有环境。例如金星表面附近的高温环境、月球表面的月尘环境，以及火星的沙尘环境，都是空间环境的组成部分，但往往局限于某个空间。在本书的基础上，有志于深入研究空间环境的读者可以阅读其他专著。

1.2 空间环境的影响

1.2.1 地面系统

航天器在太空中面临的空间环境较为复杂，而在地面上的系统主要受到地球磁场变化的影响。地球磁场变化来源于磁暴现象等，磁暴现象受到太阳风和太阳活动的调制而产生。当地磁场发生剧烈变化时，地面铺设的长电导体或导线上会加载额外的电流，称为地磁感应电流，它将导致地面系统产生电学和化学效应。

输油管道是受空间环境影响的地面设施之一。通常，输油管道主要面临潮湿空气引起的锈蚀问题。当输油管道泄漏时，不但会造成经济损失，而且对当地的生态系统也是一场灾难。金属锈蚀在机理上是由于金属表面电子泄漏导致其更容易结合氧分子等引起的，因此管道外部通常包裹一层导体，相对于地面有约 -0.85 V 偏压，避免电子迁移至地面。

在磁暴和亚暴发生期间，由于地磁变化引起的感应电流（Geophysical Induced Current）会使得管道外部包裹的导体相对于地面出现几伏正电位，导致电子泄漏加速，因而锈蚀过程会加速发生。这一现象在高纬地区更为明显，例如美国阿拉斯加的输油管道，不但寒冷潮湿，而且常年受到各类磁暴和磁层亚暴的影响，锈蚀过程较为快速，需要巨大的成本进行监测和维护。如果能有效地监测每次磁层亚暴等现象导致的感应电流大小，则可以更准确地计算腐蚀程度，进而节省可观的经济成本。

相比输油管道系统，地面电力系统更容易遭受感应电流的影响。现代工业文明的发展，使得电力系统网络在陆地上四通八达。庞大的导体网络，对空间磁场变化的感应十分明显。在磁暴期间，附加在输电线上的感应电流可以超出常规电容负载，使得电力系统因变压器等部件烧毁而瘫痪。在 1992 年磁暴期间，美国曾经监测到变压器温度从 60℃ 突然增加到 175 ℃。类似的事故也在加拿大发生过，1989 年 3 月 13 日，磁暴导致加拿大魁北克地区 9 500 MW 发电机和 7 个变压器的线圈在 90 秒内熔化，使得 600 万居民在寒冷的天气下度过 9 个多小时。同一时间美国新泽西州特拉华河核电站的变压器也受到损害，直接经济损失达到几百万美元，如图 1.5 所示。

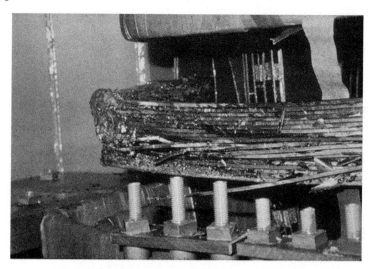

图 1.5　美国新泽西州特拉华河核电站烧毁的变压器

（来源于 Minnesota Electric Company）（见彩插）

预测地磁感应电流强弱参数的关键为地面感应电场，这与磁层耦合作用下的电离层电流体系变化相关。对太阳风、磁层与电离层之间耦合关系的深入了解，可以使我们提前至少 10 分钟进行干预，进而避免上述灾难性损失的发生。

对于地面无线通信，它也会受到电离层扰动的影响。电离层等离子体结构和密度变化，使得电波传播相位和路径发生改变。由于电离层对太阳光辐射和磁层粒子沉降十分敏感，所以在磁暴期间地面发射出的电波会干扰或中断几个小时。极区附近，空气团受到加热可以上升到电离层形成几十到几百千米宽度的中性粒子区域，导致电波在该区域无法反射。例如 2003 年 5 月 22 日至 23 日，挪威特罗姆斯郡首府特罗姆瑟所有无线通信，包括电视、无线电和无线电话都中断了几个小时。其原因为两天前太阳发生耀斑，导致挪威上空电离层局部区域出现极大的扰动。

同理，卫星导航定位信号也受到电离层扰动的影响。导航卫星轨道在中地球轨道（Middle Earth Orbit，MEO）和地球静止轨道（Geostationary Earth Orbit，GEO），地面可以同时接收四颗卫星信号来进行定位。导航卫星上装有高精度的铯原子钟进行定时,卫星持续发出两种信号:位置和时间。地面接收到这些信号就可以确定与每个导航卫星之间的距离,进而在几米精度内确定卫星的位置。

导航卫星到地面电波信号传输需要经过磁层和电离层,而电离层电子密度扰动可以导致电波信号相位和传输距离发生变化,出现几米到几千米的定位偏差,这会给飞机和轮船等高度依赖导航定位系统的交通工具带来灾难性后果。为了消除电离层扰动的影响,导航卫星通常采用 GHz 频率的两个频段来同时发射信号,这样可以在一定程度上纠正导航定位偏差。

1.2.2　在轨航天器

在轨航天器的轨道由 6 个参数确定,包括近地点、远地点、轨道倾角、轨道高度等。根据航天器飞行高度,轨道可以分为近地球轨道(Low Earth Orbit,LEO)、中高地球轨道(1 000 ~ 20 000 km)和地球静止轨道等,如表 1.1 所示。

表 1.1　各轨道分类

简称	轨道描述	定义
GEO	地球静止轨道	$h_p \in [35\ 586, 35\ 986]$,$h_a \in [35\ 586, 35\ 986]$,$i \in [0, 25]$
IGO	倾斜地球同步轨道	$a \in [37\ 948, 46\ 380]$,$e \in [0.00, 0.25]$,$i \in [25, 180]$
EGO	地球静止延伸轨道	$a \in [37\ 948, 46\ 380]$,$e \in [0.00, 0.25]$,$i \in [0, 25]$
NSO	导航卫星轨道	$h_p \in [18\ 100, 24\ 300]$,$h_a \in [18\ 100, 24\ 300]$,$i \in [50, 70]$
GTO	GEO 转移轨道	$h_p \in [0, 2\ 000]$,$h_a \in [31\ 570, 40\ 002]$,$i \in [0, 90]$
MEO	中地球轨道	$h_p \in [2\ 000, 31\ 570]$,$h_a \in [2\ 000, 31\ 570]$
GHO	GEO – HAO 过渡轨道	$h_p \in [2\ 000, 31\ 570]$,$h_a > 40\ 002$
MGO	MEO – GEO 过渡轨道	$h_p \in [2\ 000, 31\ 570]$,$h_a \in [31\ 570, 40\ 002]$
LEO	低地球轨道	$h_p \in [0, 2\ 000]$,$h_a \in [0, 2\ 000]$
HAO	高轨道	$h_p > 40\ 002$,$h_a > 40\ 002$
HEO	高偏心率轨道	$h_p \in [0, 31\ 570]$,$h_a > 40\ 002$
数据来源于 ESA 空间环境报告,h_p 为近地点,h_a 为远地点,a 为半长轴,e 为偏心率,i 为轨道倾角		

[**例题**] 试计算高度为 1 000 km、20 000 km 和 36 500 km 圆形轨道航天器绕地飞行速度与轨道周期。

解答：根据万有引力定律和圆周运行离心力公式，卫星引力与离心力平衡，由此得到

$$G\frac{m_{e}m_{s}}{r^{2}} = m_{s}\frac{v_{s}^{2}}{r} \tag{1.1}$$

式中，G 为万有引力常数；m_{e} 为地球质量；m_{s} 为航天器质量；r 为航天器到地心距离（即地球半径加上航天器轨道高度）；v_{s} 为航天器飞行速度。

由式（1.1）可以求得航天器飞行速度和运动周期与地心距离的关系为

$$v_{s} = \sqrt{G\frac{m_{e}}{r}} \tag{1.2}$$

$$T = \frac{2\pi r}{v_{s}} = 2\pi\sqrt{\frac{r^{3}}{Gm_{e}}} \tag{1.3}$$

由式（1.2）和式（1.3）可以求得不同高度航天器的速度和轨道周期。对于 300 km 低地球轨道，航天器运动速度约为 8 km/s，而对于 GEO 轨道，航天器运动速度下降到 3 km/s。由此我们可知，随着航天器轨道高度的增加，其飞行速度变慢，轨道周期将同步增加。

若定义航天器的特征尺度为 L_{b}，L_{b} 值通常在 1 ~ 100 m。由式（1.4）和式（1.5）可以得到粒子穿越航天器的传输时间（transit time）t_{s} 及传输频率 f_{s} 为

$$t_{s} = \frac{L_{b}}{v_{s}} \tag{1.4}$$

$$f_{s} = \frac{v_{s}}{L_{b}} \tag{1.5}$$

传输时间和传输频率给出了等离子体或中性粒子穿越航天器的特征时间及频率，是衡量地面或其他参照系统观测到航天器表面反应的时间参量。

航天器受空间环境的影响随时间增长而逐步严重。倾角小于 51.6°，高度为 1 ~ 8 个地球半径（地球半径近似为 6 371 km）的卫星，在每次绕行中要穿越内辐射带或外辐射带，因而遭受辐射带高能粒子的大量入射。而倾角大于 80° 的航天器，需要穿越极隙区，容易受到太阳风和磁尾粒子沉降的影响。这些高能粒子将造成总剂量效应，导致航天器器件性能衰退，表面材料电学或热学性能退化等，包括存储器和太阳电池等均受到影响，如图 1.6 所示。

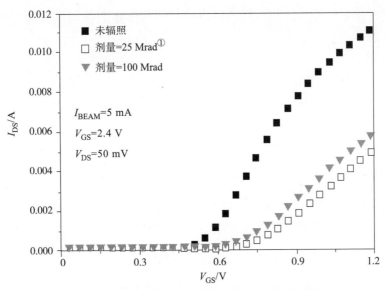

图 1.6　总剂量效应造成存储器的电压 – 电流性能变化

　　早在 20 世纪 70 年代，人们观测到航天器穿越磁层等离子体区域时，会在其表面形成不同的充电现象。这种电场的存在使航天器表面容易发生放电现象，特别是在太阳电池板上，该现象十分明显，如图 1.7 所示。严重时可以直接诱发二次放电

图 1.7　表面充电导致太阳电池表面烧损（来源于 NASA）

---

① 1 Mrad = 1×10^{-5} Gy。

而烧毁整块电池板。此外，放电脉冲可以通过导线传播耦合到航天器内部电路，使电子器件损毁。目前，人们通过采用表面低阻绝缘材料、多点接地等方式降低空间中表面放电危害。

空间辐射带中不仅有低能等离子体，还有大量的高能电子和质子等。高能电子会穿透航天器蒙皮表层，在航天器内部沉积形成电场。当电流达到击穿阈值时，会对周围部件放电或者导致绝缘材料内部击穿。同时产生的电磁脉冲可以耦合进入航天器的电子系统，造成电子异常。严重的深层充电是十分危险的。历史上，1994年1月20日至21日，加拿大通信卫星ANIK-E1由于该现象导致整星失效。

空间环境效应与航天器位置密切相关。例如在磁尾区域，航天器处于稠密的热等离子体环境中，表面差分充电造成的放电现象可以损害敏感器件。在1991年3月的磁暴中，地球静止环境业务卫星（Geostationary Operational Environmental Satellite，GOES）缩短了3年的在轨寿命。同期的磁暴造成一个新辐射带的产生并存在了3天左右，使当时的在轨航天器发生了400多例电子故障。

空间中高能质子和离子穿透材料时，会在内部传播路径上大量电离和产生X射线。高能粒子在半导体芯片内部的电离，可以使以电荷方式存储的字节内容发生翻转，即"0"变为"1"或"1"变为"0"。该现象称为单粒子翻转效应（Single Event Upset，SEU）。银河宇宙线等高能粒子会造成SEU，SEU现象对于指令系统有十分严重的危害。2016年3月26日，日本"瞳"卫星穿越南大西洋异常区时星体定位系统出现类似的故障，最终由于错误的人工指令造成整颗卫星解体。类似的航天器故障有很多，例如1991年发射的欧洲空间局ERS-1卫星，就是由于SEU现象使星载精密测距测速系统（Precise Range and Rangerate Equipment，PRARE）故障，导致卫星对地面的定位和测量十分困难。

除了辐射效应，地球磁场对卫星姿态的影响同样不可忽视。姿态控制系统通过监控航天器，确保其以正确的姿态运行。磁暴会导致姿态控制系统故障，使卫星翻滚最终失效。2000年7月14日，日冕物质抛射事件引起地球磁暴，最终改变了日本宇宙X射线观测卫星ASCA的姿态，同时该卫星太阳电池板发生放电现象，使卫星提前结束寿命。

当太阳活动加强时，质子和太阳光辐照使地球大气加热膨胀，LEO航天器受此影响而轨道高度下降，卫星轨道追踪变得十分困难。LEO大气密度的增加同时会导致航天器遭遇的大气阻力增加，而大气阻力的增加会降低航天器轨道高度，进而使航天器面临更高的大气密度，造成航天器轨道高度指数下降。航天器轨道高度的变化会导致一些关键的测量无法进行。例如 1997 年 10 月，SPOT – 2 卫星在 3 天内每天轨道高度改变超过 30 m，这对于 5 cm 以下卫星测高精度要求是无法满足的。

总之我们可以发现，空间环境影响航天器系统的各个方面，因此在设计和制造航天器过程中，就必须将空间环境考虑在内。目前，随着航天成本的下降，大量的商业器件和常规材料由于低廉的价格广泛应用于航天活动中，导致空间环境的风险评估显得更为重要。

1.3 空间环境风险评估

1.3.1 航天器风险分析

通过对空间环境规律和效应的理解，可以更好地进行地面系统的维护和航天器的防护设计工作，避免或降低空间环境效应造成的损失。以航天器为例，从概念提出到在轨应用，包括 6 个阶段，如图 1.8 所示。

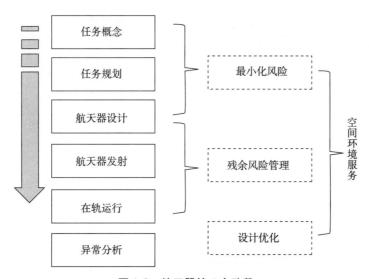

图 1.8 航天器的 6 个阶段

从任务概念阶段开始，通过对空间环境的了解可以提前预见航天器可能面临的风险，进而根据空间环境变化规律，优化航天器的任务规划。在航天器设计阶段，根据任务规划需求从原材料选择上就应该考虑航天器将来需面对的空间环境效应，采用针对性的器件和材料。

在轨运行期间，对空间环境效应的了解有助于更好地定位航天器异常或故障的成因，为后续类似航天器设计提供参考。截至2000年，根据NASA统计，空间环境效应中静电放电（Electro – Static Discharge，ESD）、单粒子效应（Single Event Effect，SEE）和总电离剂量（Total Ionizing Dose，TID）效应所导致的问题就占航天器异常成因的50%以上，如表1.2所示。

表1.2 航天器异常成因归类

异常类型	发生次数
静电放电（ESD）	162
单粒子效应（SEE）	85
总电离剂量（TID）	16
混杂（Miscellaneous）	36
数据来源于 H. C. Koons	

因此在航天器设计时，必须明确空间环境所可能产生的具体效应及影响机制。目前，我们通过对空间环境及效应的探测与实验，可以明确一些环境因素与效应类型的对应关系，如表1.3所示。

表1.3 空间环境因素与效应类型的对应关系

效应类型	表现形式	环境因素
总电离剂量（TID）	微电子器件性能退化	辐射带质子、辐射带电子、太阳质子
位移损伤剂量（DDD）	光学器件、部分电子器件、太阳电池板等性能退化	辐射带质子、辐射带电子、太阳质子、中子
单粒子效应（SEE）	数据错误、成像噪声、系统关闭、电子器件损伤	银河宇宙线、太阳质子和重离子、辐射带质子、中子
表面腐蚀（Surface Erosion）	材料热学、电学、机械、光学性能退化	粒子辐射、极紫外、原子氧、微流星、分子污染
表面充电（Surface Charging）	仪器读数偏差、太阳电池板功率下降、材料损伤	稠密的冷等离子体、热等离子体
深层充电（Deep Dielectric Charging）	仪器读数偏差、电磁干扰、材料损伤	高能电子
结构撞击（Structure Impacts）	结构损伤、解体	微流星、轨道碎片
阻力（Drag）	力矩现象、轨道下降	热层大气

为了规避航天器的严重故障,做好航天器空间环境效应防护,我们必须对航天器进行风险管理。充分认识上述空间环境效应的成因和影响是航天器风险管理的第一步,这一认知来源于大量航天实践事例和实验测试的积累。

有时候在做好航天器前期设计以后,还是会不可避免地出现故障或异常,其原因往往是多方面的,这就需要对其故障或异常的类型进行再次分析。航天器故障分析的方法主要有两种,即故障树分析和效应模式分析。故障树分析是从航天系统设计到底层具体部件或材料等技术细节的分析,而效应模式分析是从底层技术细节到整个系统影响的分析,它们适用于航天设计的不同阶段。

航天器风险管理主要包含六大步骤:风险识别、风险分析、风险规划、风险跟踪、风险控制和归档。在航天器实际设计和处理过程中,根据风险的等级、风险发生的概率、经费预算、时间限制等因素影响,设计师必须在有限的时间和经费条件下,优先排除高等级或高概率的风险,往往很难也没有必要对所有的风险都进行处理。具体风险处理的选择必须参照航天器可靠性的各类标准进行,在成本与风险中选取一个平衡点。

根据空间环境效应对航天器影响的不同,我们一般把航天风险分为 11 个等级,从无任何影响的 0 级到必然导致航天任务失败的 10 级。航天风险结合具体的环境因素,其程度如表 1.4 所示。

表 1.4 航天风险等级和程度

等级	风险程度
0	可忽略
1	可能导致异常
2	肯定导致异常
3	可能需要更改设计
4	肯定需要更改设计
5	可能降低任务效率
6	肯定降低任务效率
7	可能缩短任务寿命
8	肯定缩短任务寿命
9	可能导致任务失败
10	肯定导致任务失败

空间环境因素的影响往往与航天器轨道相关，如表 1.5 所示。对航天任务危害最大的为空间碎片和中性大气环境。对这两个风险因素我们更依赖的是模型和预报，以及提前对航天器做机动处理等措施。其他因素的影响——例如辐射环境等，则需要细化为航天器标准，落实在具体器件的选型或工艺处理过程中。

表 1.5　不同空间环境因素对不同轨道航天器的影响

空间环境	LEO 低倾角	LEO 高倾角	MEO	GEO	ISS 国际空间站轨道	GPS
太阳光辐照	4	4	4	4	4	4
引力场	3	3	3	0	3	0
磁场	3	3	3	0	3	0
辐射带	0~5	2~5	5	5	2~5	5
太阳质子	0	4	3	5	4	3
银河宇宙线	0	4	3	5	4	3
空间碎片	7	7	0~3	3	7	0
微流星	3	3	3	3	3	3
电离层	3	3	1	0	3	0

总之，空间环境在航天任务中是一个重要的支撑体系，它不但以模型等物理规律的形式服务于航天安全，而且涉及器件制造、材料处理工艺、航天器试验测试流程等一系列过程，已成为现代航天任务不可或缺的内容。

1.3.2　航天器故障概率曲线

随着任务的不同，航天器具体组成特别是在有效载荷方面往往有较大差异。一般来说，除有效载荷外，航天器都包含多个分系统，各分系统的组成和用途有较大差异，如表 1.6 所示。航天器各分系统之间的差异，导致可能面临的问题也不同，因此往往需要设计师采用不同的方法确定最佳的解决方案。

表 1.6　航天器各分系统用途、组成及可能面临的问题

分系统	用途	组成	可能面临的问题
姿态控制系统	保持航天器朝向和姿态稳定	反应轮、动力轮、太阳/地球传感器、磁扭矩装置/微推进器	光学传感器污染、大气力矩、太阳光压、引力或磁场作用、单粒子效应、电磁干扰

续表

分系统	用途	组成	可能面临的问题
电子指令系统	向有效载荷和分系统传输数据和指令	数据总线、处理器、存储器	单粒子效应、材料放电、温度平衡
电源系统	供电及分配电力	太阳电池阵、蓄电池、二次电源	电池表面污染、黏胶紫外降解、高压放电、发电效率下降、电磁干扰、空间碎片撞击
推进系统	轨道迁移与维持	推进器、燃料箱、管路	燃料泄漏、空间碎片撞击、温度变化、大气阻力突变
结构系统	支撑和保持稳定	舱壁、机构	差分充电、材料性能变化、表面结构损伤
通信系统	接收与传输指令和数据	发射机、接收机、天线	差分充电、电磁干扰、空间碎片撞击
热控系统	保持温度稳定	散热器、加热器、热管、热毯	紫外降解、原子氧氧化

需注意的是，即使严格经过风险管理处理的航天器，有时在空间中也会遇到未知的故障问题。航天器系统不同于地面设备系统，故障概率随时间变化一般遵循"浴盆曲线"分布，可以用威布尔（Weibull）分布函数表示故障概率密度为

$$p(t) = \frac{\beta}{\eta}\left(\frac{t-\gamma}{\eta}\right)^{\beta-1}\exp\left[-\left(\frac{t-\gamma}{\eta}\right)^{\beta}\right] \tag{1.6}$$

式中，$p(t)$ 为 t 时刻发生故障的概率密度函数。

$t \geqslant \gamma$，γ 为参考时间，β 为形貌参数，其值大于零，为无量纲量。在发射初期，β 小于 1；在有效工作期，β 等于 1；在工作末期，β 大于 1。η 为尺度参数，取值大于零，单位与时间 t 相同。

式（1.6）函数曲线形貌如图 1.9 所示，对式（1.6）进行积分，可以得到累积概率分布函数为

$$P(t) = 1 - \exp\left[-\left(\frac{t-\gamma}{\eta}\right)^{\beta}\right] \tag{1.7}$$

式中，$P(t)$ 为 t 时刻之前发生故障的概率，因此在 t 时刻之前不发生故障的概率为

$$R(t) = \exp\left[-\left(\frac{t-\gamma}{\eta}\right)^{\beta}\right] \tag{1.8}$$

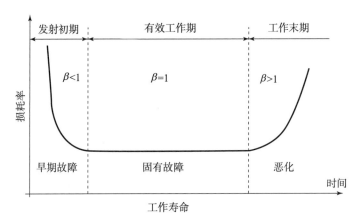

图 1.9　威布尔故障概率密度函数"浴盆曲线"

由式（1.8）可知，在发射初始时刻 $t = \gamma$，航天器发生故障的概率为零，而在 $t = \eta + \gamma$ 时，不发生故障的概率为 e^{-1}，即 36.8%。由式（1.8）还可以推导出航天器部件故障率，例如在 T 时间内无故障概率，$T + t$ 时间内无故障概率，等等，具体推导过程作为本章习题。

采用低故障概率的部件可以提高航天器系统的可靠性。通常航天器部件根据可靠性可以分为军品级和商用品级，而军品又分为若干个等级，例如 NASA 部件等级分为军品 S 级、军品 B 级等。对于可靠性要求高、任务周期长的航天器应当尽量选用最低故障概率的部件。不过部件的品级越高，其成本越大，例如军品 B 级部件为军品 S 级部件成本的 $1/10 \sim 1/4$，因此航天器可靠性设计和部件选择是一个综合性问题。

1.3.3　空间环境试验

空间环境试验是航天器研制过程中的重要步骤。由于航天器组成复杂，包括成千上万个零部件。在航天器发射以后，一般出现故障不能直接进行维修，因为很难对故障材料或部件进行更换处理，所以在航天器正式发射前，必须通过充分的验证，对航天器各部件的在轨工作状态与环境风险程度进行准确评估。

根据航天器研制阶段的不同，地面试验一般分为 5 个阶段，即研制试验，鉴定试验，验收试验，准鉴定试验和出厂前、发射前合格认证试验，如图 1.10 所示。每个阶段又按照试验对象的不同而分为组件级、分系统级和航天器（航天器整体）级。各阶段试验依托的试验装置通常不唯一，根据试验类型和试验对象进行区分。由于空间环境的特殊性，在地面模拟空间环境往往只能实现部分特征，而且成本较高。因此，具体的空间环境试验内容除了设计标准规定的试验，其他试验往往是通过成本和风险规划进行考虑的。

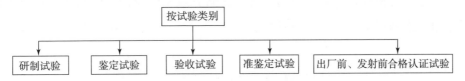

图 1.10　GJB 1027A‐2005 中对航天器试验的分类

　　航天器方案设计和研制试验阶段，主要是为了检验产品设计和工艺的合理性，验证产品能否达到规定功能，以及在经受各种空间环境应力时是否具备适应能力，并且为正样产品的确认提供依据。此阶段空间环境相关的试验内容包括热真空试验、辐射效应试验、材料可靠性试验、抗冲击和微重力试验等。

　　当航天器进入正样阶段时，实验内容往往包括鉴定试验与验收试验（如图 1.11 所示）。鉴定试验主要为了检验正样产品经受各种试验环境的能力，检验产品的设计、制造和组装是否符合设计要求。验收试验主要是为了使正样产品在材料、工艺和质量方面的缺陷暴露，排除产品的早期故障。试验应按组装级别由低到高的顺序进行。通常，试验对象承受的测试水平量级等于最高环境预计值加上设计余量。产品应在多次验收试验后，不允许出现潜在的损伤及性能降级。

图 1.11　NASA 热真空实验罐体（来源于 Johnson Space Center）

总之，在设计和试验过程中，只有充分掌握空间环境的分布情况与变化规律，才可以对试验设计及其有效性做出评估。空间环境学为空间物理现象和航天工程之间搭建了坚实的桥梁，它对于空间物理最新研究成果的应用，以及空间环境工程试验标准和要求的提出，都是十分重要的。

1.4　习　　题

1. 通过搜索近几年网络媒体资料，寻找一至两例与空间环境相关的航天器故障事例，总结其成因与处理过程。

2. 太阳对地球的能量输入方式有哪些？

3. 空间环境包括哪些组成要素？它们对航天器有什么影响？

4. 真空的定义是什么？它给航天器造成哪些限制？

5. 空间辐射的来源是什么？它有哪些特征？

6. 对航天器影响风险最高的是哪些空间环境因素？其原因是什么？

7. 空间环境风险控制包含哪些流程？是否有必要规避所有风险？

8. 若某航天器在发射的 1 年内未发生故障，试根据威布尔函数计算其未来 3 年内发生故障的概率。

9. 试述空间环境试验的主要类别。

10. 航天器制造包括哪些阶段？在各个阶段对空间环境评估与试验的要求是什么？

第 2 章

太阳的组成与活动

太阳是地球能量的主要来源，也是空间环境活动的驱动源。目前我们通过大量的卫星观测，对太阳的组成和结构有了初步认识。太阳的活动变化与地球磁层、辐射带、大气分布情况等均密切相关。了解太阳活动成因和规律，有助于理解地球空间环境的变化规律。本章我们将简要地介绍与太阳相关的基础知识，具体内容包括太阳的组成与结构、太阳活动现象，以及磁层对太阳活动的响应等。

2.1 太阳的组成与结构

2.1.1 太阳的组成

太阳位于太阳系中心，是一个炙热的等离子体球。它是地球上生物最重要的能量来源。经过多年的观测和研究，目前我们对太阳的组成和结构已有较清晰的认识。太阳是一颗 G 等级或中等尺寸的恒星，属于银河系 1 000 多亿颗恒星之一。太阳表面温度（光球层）高达 5 000 ~ 6 000 K。同时它是太阳系中最大的天体，半径约为 6.96×10^8 m，质量约为 1.99×10^{30} kg，占太阳系总质量的 99.86%。对于太阳质量的估算，我们可以根据开普勒第三定律得出

$$\frac{a^3}{T^2} = \frac{G}{4\pi^2}(m_e + m_s) \tag{2.1}$$

式中，a 为日地距离（约 1.5×10^8 km）；T 为地球绕太阳共转周期（1 年）；G 为万有引力常数；m_e 为地球质量；m_s 为太阳质量。

由于地球质量远小于太阳质量，所以式（2.1）中可以忽略地球质量进而求出太阳质量。

太阳半径可以根据天文观测中空间角度分布得出，约为 6.96×10^8 m。因此，在知道太阳质量的基础上，可以求得太阳平均密度约 1.408 g/cm³。根据万有引力定律，太阳表面重力加速度约为 274 m/s²。由于自身引力作用，其内核密度可以达到 162.2 g/cm³。太阳主要元素组成如表 2.1 所示，主体是质量占 73.46% 氢元素，其次是 24.85% 氦元素，再加上极少的氧、碳等元素。太阳组成物质来源于形成它的星系物质。目前，科学家们认为太阳的氢和氦元素来源于宇宙大爆炸时的核聚变反应，而重元素主要来源于恒星的核聚变反应。

表 2.1　太阳主要元素组成

组成元素	H	He	O	C	Fe	Ne	Ni	Si	Mg	S
质量百分占比/%	73.46	24.85	0.77	0.29	0.16	0.12	0.09	0.07	0.05	0.04

在天文学上，太阳星等为 +4.83，比银河系 85% 恒星都亮。太阳也是 I 类富含重元素的恒星。事实上，整个太阳系都富含金、铀等重元素。因此，太阳系被认为是由附近超新星爆炸所形成的，大量的重元素也是在那时产生的。

太阳约有 45 亿年历史，在其演化道路上太阳已走完了一半路程。在此路程中，日核通过核聚变反应将氢转变为氦。在未来 45 亿年左右时间里，太阳将逐渐耗尽它的核燃料，进而变成白矮星。核聚变过程是把 4 个氢核（质子）转变成带两个质子和两个中子的氦核，其中子质量要小于质子质量，质量差转变为能量释放。太阳以 3.84×10^{26} W 向外辐射能量，其表面温度约为 5 778 K。人们对太阳元素组成的认识主要是通过特征谱线和太阳系早期形成期间所遗留下来的陨石元素丰度得到，两种方法所得到的结论是一致的。

2.1.2　太阳的结构分层

与地球不同的是，太阳由高密炙热的等离子体组成，其表面为气体，无固体表面。太阳从内部到表面，其密度和温度剧烈变化。例如在太阳内核，温度可以达到 1.57×10^7 K，在太阳表面附近的光球层，其温度降低至约 5 800 K，而再向外到太阳最外层日冕时，温度又突然上升至 2×10^6 K。目前，暂无理想的理论可以解释该现象。

考虑到太阳由大量气态等离子体组成，太阳内部结构分布应当满足以下平衡条件。

流体力学平衡

$$\frac{\mathrm{d}P}{\mathrm{d}r} = -\frac{Gm\rho}{r^2} \tag{2.2}$$

质量梯度分布

$$\frac{\mathrm{d}m}{\mathrm{d}r} = 4\pi r^2 \rho \tag{2.3}$$

光学梯度分布

$$\frac{\mathrm{d}L}{\mathrm{d}r} = 4\pi r^2 \rho \varepsilon \tag{2.4}$$

温度梯度分布

$$\frac{\mathrm{d}T}{\mathrm{d}r} = -\frac{3\kappa L\rho}{16\pi acr^2 T^3} \tag{2.5}$$

式（2.2）~ 式（2.5）中，P 为太阳内部压力；ρ 为质量密度；m 为半径 r 所含的太阳质量；L 为穿越半径 r 球面的能量；ε 为太阳核反应的能量产生率；κ 为光学吸收率。

人们对于太阳内部结构分层的了解，一方面来源于太阳光谱成像技术，另一方面来源于日震学。通过对太阳表面振荡传播现象的研究，可以反演出太阳内部结构变化。最早的日震观测在 20 世纪 60 年代，直到 20 世纪 70 年代中期，日震现象才被应用于分析太阳内部结构。目前，人们将太阳表面振荡传播现象分为全球性和区域性，并通过研究这一现象取得了一系列突破性进展。例如用于解决太阳中微子问题的中微子振荡理论，其试验观测结果已得到确认，并于 2015 年被授予诺贝尔物理学奖。

太阳存在较强的磁场，而且同时存在自转效应，导致其仅有百万分之九的区域非径向对称。因此，太阳极区直径与赤道直径只相差 10 km。所以，从结构上，我们可以把太阳看成是径向对称的。在内部引力和外部压力共同作用下，太阳处于流体静压力平衡状态。根据密度、温度和运动状态差异，太阳从内到外依次可以分为日核、辐射区、差旋层、对流区、光球层、大气层，其结构分层如图 2.1 所示。太阳大气层又可以分为色球层、过渡区和日冕。

1. 日核

日核是太阳能量的主要产生地。日核半径为 $0.2\,r_s \sim 0.24\,r_s$（r_s 为太阳半径），温度约为 1.57×10^7 K，密度比水的 150 倍（150 000 kg/m³）还大。日核温度和密

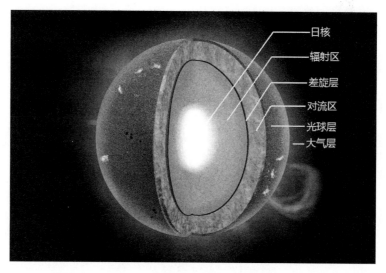

图2.1　太阳结构分层（见彩插）

度足以使所有物质完全电离，并能够释放极高的能量维持热核聚变。氢原子核（质子）经过质子－质子链反应（P－P链式反应）、放射性硼衰变和碳氮氧（C－N－O链式反应）循环等3个主要过程产生氦原子核（由两个质子和两个中子组成的α粒子）。

P－P链式聚变反应如图2.2所示，包含质子－质子（P－P）和质子－电子－质子（P－E－P）两种源过程，经反应后分为H－E－P、P－P－I、P－P－II和P－P－III 4种不同结果。P－P链式反应除了释放大量能量外，还产生了许多中微子v_e，特别是在P－P－II反应中，产生了约90%的中微子。

P－P链式聚变反应贡献了99%的太阳能量，剩下极少部分能量由碳、氮、氧原子核作为媒介参与的C－N－O链式聚变反应产生。目前C－N－O链式聚变反应仅贡献约0.8%的太阳能量，随着太阳衰老，C－N－O链式聚变反应将在恒星末期能量反应中占更大的比重。P－P链和碳氮氧循环的最终结果是产生氦原子核和少量的重元素，例如^7Be、^7Li、^8Be、^8B、^{13}N、^{14}N和^{15}N等（数字表示原子质量数）。在这些过程中4个氢原子（质量为$6.690\ 486\ 84 \times 10^{-27}$ kg）转变成1个氦原子（质量为$6.644\ 655\ 98 \times 10^{-27}$ kg）。根据爱因斯坦质能方程$E = mc^2$（c为光速），它们损失0.66%的初始质量转变成了能量。

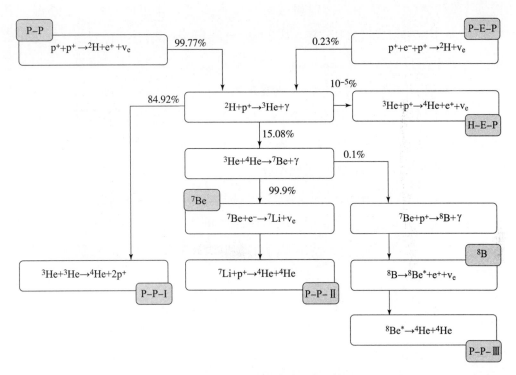

图 2.2 P–P 链式聚变反应过程

在日核内每秒约 3.7×10^{38} 个质子聚变成 α 粒子，即每秒有 6.2×10^{11} kg 氢原子参与反应，最终转变成 5.96×10^{11} kg 氦原子核，整个过程消耗掉 0.66% 总反应质量，产生约 3.84×10^{26} W 能量（相当于 9.192×10^{16} t TNT 爆炸所产生的能量，1 t = 1 000 kg）。理论上通过计算可以得到太阳内部能量密度约为 276.5 W/m³，其能量密度更接近于爬行动物或堆肥的能量，而不像是热核反应中心能量密度，能量产生率取决于温度，近似与温度的 5 次方成正比，即

$$\varepsilon \approx \rho T^5 \tag{2.6}$$

日核是太阳唯一的热能产生区，其产生足够大的热量可导致热核反应发生。在日核能量向外转移的过程中，太阳其他区域也将获得能量。日核内部核聚变反应是自平衡过程，核反应膨胀力与日核外层结构压力相平衡。当核反应质子密度下降时，导致核反应温度下降，这时在外界压力作用下质子将被压缩，使反应率上升，进而重新达到压力平衡。在 $0.3 r_s$（太阳半径）以外的区域，核聚变反应几乎不再发生，日核反应所产生的能量将由辐射区一直传递到太阳表面。

2. 辐射区与差旋层

从 $0.25 r_s$ 到约 $0.7 r_s$ 的区域，是太阳内核核反应能量从内向外通过热辐射传递的重要区域，被称为辐射区。辐射区由高度电离的气体组成，由内至外温度从 -7×10^8 K 下降至 -2×10^8 K，密度从 20 g/cm^3 下降至 0.2 g/cm^3。辐射区温度下降梯度小于绝热温度直减率（Lapse Rate），因此对流活动并未发生。热量主要以光子形式在辐射区内传播。虽然光子传播速度是光速，但由于辐射区物质密度较大，光子在辐射区来回反弹传播，因此一个光子穿越辐射区的时间长达 100 万年。随着恒星年龄增长，辐射区范围越来越小，而对流区范围将逐步增加。特别小的恒星对流区有可能延伸至恒星内核，因此可能不存在辐射区。

当能量达到太阳辐射区顶部时，将不再以电磁辐射的形式传播，而是以对流方式进行传播，形成对流区。在辐射区与对流区之间，由于辐射区与对流区自转差异形成了差旋层（Tachocline）。差旋层以下的辐射区和太阳内核，自转形态类似固体自转；而差旋层以上的对流区，其自转形态更像流体。如图 2.3 所示，从日震学观测结果可以发现，差旋层位置在 $0.7\ r_s$，厚度大约 $0.04\ r_s$，在赤道区域旋转要快一些，而在极区旋转速度相对慢些。在太阳表面，赤道自转周期约 25 天，而极区附近自转周期约 34.4 天。

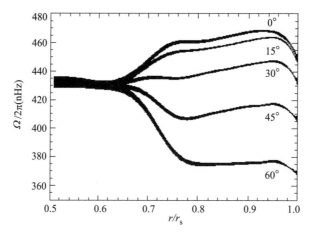

图 2.3　对太阳内部的日震学观测结果（来源于 NSO/NSF）

过去，人们曾认为差旋层是恒星磁场形成主要原因，但通过对稍冷恒星和褐矮星最新的观测结果表明，它们虽然没有差旋层，但同样出现了与太阳类似的磁场强度和活动。因此，太阳磁场的形成和变化原因，目前仍未有确切的解释。

3. 对流区

对流区是太阳最外层区域，位于 $0.7\ r_s$ 至太阳表面附近，其温度从底部 $-2 \times$

10^5 K，下降至顶部 $-5\,300$ K，密度下降为 0.2 g/cm^3，约为地球海平面大气密度的万分之一（地球海平面每 1 m^3 大气含 2×10^{25} 个粒子）。由于对流区温度较低，所以并不是所有元素都被电离。

对流区表面是太阳光辐射能量的来源区域。对流区等离子体包括 70% 氢和 28% 氦，以及少量的碳、氮和氧。太阳通过辐射将能量从辐射区传递到对流区底部。在对流区，温度的下降使等离子体吸收光子能量后不再辐射出光子，而且密度的下降使能量无法从太阳内部及时地传递到表面，由此产生对流现象。对流区热流单元从底部吸收辐射能量膨胀后上浮至光球层下方，释放出热量变冷收缩后下降至对流区底部，对流区不断重复产生上述循环过程。

对流区最简单的模型为经典瑞利问题，即考虑高度为 h 的两块平行板之间的流体或气体，底部温度 T_2 大于顶部温度 T_1，该气体或液体碰撞系数 $\alpha > 0$，此时底部气体或液体将上升，并膨胀释放热量，之后收缩下降，产生对流现象。对流不稳定性发生的条件为

$$Ra > \frac{g\alpha\beta h^4}{Dv} \tag{2.7}$$

式中，Ra 为瑞利数（Rayleigh Number）；β 为温度梯度；D 为热扩散系数；v 为黏滞系数。对于太阳对流区，其瑞利数十分高，大约在 $10^{10} \sim 10^{11}$ 量级。

对流区等离子体被认为是非黏性的，因此对流区运动十分不规则，由此产生湍流现象，如图 2.4 所示。同时，由于太阳自转的影响，对流区等离子体热流单元上升后受到科里奥利力的作用不再下降至原处，而是形成类似环状的结构。一般人们认为，对流过冲现象发生在对流区底部。在对流区底部，向下的湍流将冲入辐射区外层。热等离子体将能量从底部传播到对流区顶部只需要一周多的时间。太阳表面对流区是可见的，其斑点结构呈现一种米粒组织的形态，尺寸大约为 $1\,000 \sim 30\,000$ km。

与固体不同，太阳等离子体表面各部分的旋转速度不同（这种现象被称为较差自转）。例如赤道区旋转周期约为 25 天，而极区旋转周期约为 34 天，太阳极轴相对于黄道有 $7.25°$ 倾斜角。等离子体对流与湍流运动，以及较差自转运动等相互作用在太阳表面产生了电流和磁场。

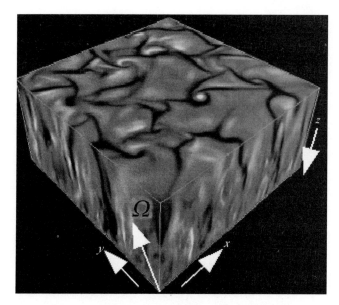

图 2.4 对流区的湍流现象模拟（N. Brummell）

4. 太阳大气

太阳大气包含光球层、色球层和日冕 3 个区域，它们位于太阳表面，是太阳磁场活动强烈的区域，也是太阳磁场活动的主要发生区域。光球层厚度为几十至几百千米，粒子密度约为地球海平面大气密度的 1%。光球层为人类肉眼可见部分，太阳直径一般是指光球层直径。

光球层的可见光主要是由电子与氢原子反应产生 H⁻ 的过程中产生。太阳向太空发出的大部分辐射光来自光球层。太阳光的光谱是接近 6 000 K 黑体辐射所产生的光谱，图 2.5 所示为光球层光谱与 5 777 K 黑体辐射光谱比较。光球层粒子密度约 10^{23} m^{-3}，大部分是氢原子，只有约 3% 是电离形成的氢离子。

光球层所发射的可见光逃逸至太空中时，受到光球层之上太阳大气影响，产生了吸收光谱。如图 2.6 所示，该光谱结构有利于确定光球层之上大气的主要成分。太阳光球层可见光从太阳表面发射到地球需要大约 8 分 19 秒。

太阳光球层表面形貌为大量的米粒状结构。该结构乃至对流单元，它们的典型直径约 1 Mm（兆米，1 Mm = 1 000 km），最大的可以达到 15 Mm 以上。通过太阳望远镜对米粒状结构观测，可以发现大量的磁通量管结构，磁场活动使得光球层局部磁场可以达到 3 000 Gs（高斯）。太阳黑子的形成主要发生在光球层。从光球层所能观测到的太阳磁场活动现象包括黑子、光斑、米粒组织、超米粒组织、大规模流动，以及各种波动及振动现象。

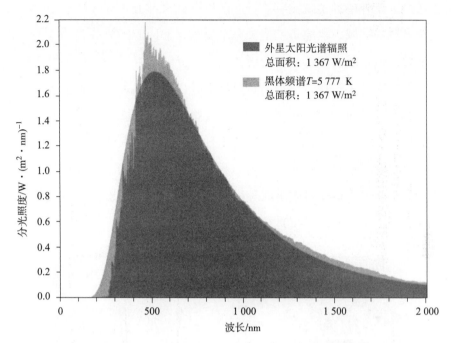

图 2.5　光球层光谱与 5 777 K 黑体辐射光谱比较

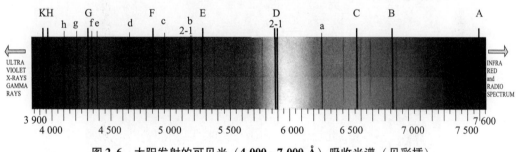

图 2.6　太阳发射的可见光（4 000～7 000 Å）吸收光谱（见彩插）

　　色球层位于光球层之上，厚度为 3 000～5 000 km，温度相比光球层表面有所下降，大约 3 800 K。色球层粒子密度约 10^{19} m^{-3}，比光球层下降了 4 个量级。在通常情况下，由于被光球层强烈的可见光所遮蔽，色球层只有在日蚀时可以观测到，其颜色为暗红色。日珥通常从光球层向上穿过色球层达到 150 000 km 高度。色球层由于温度较低，允许一些化合物存在，例如 CO、H_2O 等。色球层的能量来自磁流体动力波和压缩波加热，这两种波来源于针形日珥和米粒组织，因此色球层也具有许多光球层的特征。

　　色球层往上到日冕之间存在一个过渡区，温度由 3 800 K 增加至 35 000 K。过渡区可以通过远紫外望远镜观测到。过渡区以下，大部分氢原子未被电离，而在过渡区往上至日冕的区域，氢原子基本被完全电离，形成太阳风等离子体。

日冕是太阳最外层大气部分，密度约为 10^{15} m^{-3}，可以一直延伸至 10 r_s 以上。日冕的温度上升到约 3×10^8 K，目前其温度上升机制仍未完全解释清楚。通常在日全食时，人们才可以通过肉眼观测到日冕。日冕形貌如图2.7所示，它并不是一直均匀覆盖在整个太阳表面。在太阳平静期，日冕多出现在太阳赤道附近，而在太阳极区附近出现冕洞等现象。有时人们可以观测到日冕在太阳表面形成了环状结构，在一些情况下，环状结构通过磁重联等机制打开，形成规模宏大的日冕物质抛射事件（Coronal Mass Ejection，CME）。

图2.7　日全食时的日冕与日珥

2.2　太阳活动现象

2.2.1　太阳黑子与活动常数

太阳黑子是一种出现在太阳光球层的磁场活动现象，太阳黑子集中发生在光球

层上磁场强度较强的区域，它的磁通量密度为 0.1 ~ 0.4 T，而太阳平均磁通量密度
为 0.1 mT。太阳黑子的温度约为 3 700 K，明显低于 5 778 K 的周围区域温度。因为
太阳黑子本影区的温度比周围光球层正常区域温度低 1 500 K 左右，所以太阳黑子
看上去直观呈现黑色，如图 2.8 所示。典型太阳黑子直径小于 50 000 km，寿命大
约为数天至数周。

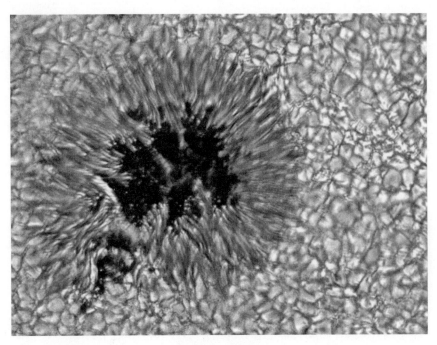

图 2.8　太阳黑子

太阳黑子通常由磁场极性相反的两个黑子前后成对出现，就好像磁铁一样，两
个黑子分为前导黑子和后随黑子。太阳黑子磁极可以通过测量磁场所发射出电磁辐
射的塞曼效应（Zeeman Effect）而确定，测量值包括磁场区域电磁辐射的位移和变
宽等，由磁场造成的太阳光波长变化为

$$\Delta\lambda = 4.7 \times 10^{-8} g^* \lambda^2 B \tag{2.8}$$

式中，g^* 为兰德系数（Landé Factor）；λ 为太阳光波长，单位为 nm；B 为磁场强
度，单位为 T（1 T = 10^4 Gs）。典型太阳黑子磁场强度值为 3 000 Gs，即 0.3 T。

在光球层上，黑子的数目随时间呈近似 11 年周期性变化，其中前导黑子的磁
极性与太阳磁场周期相同，以约 22 年周期性变化。我们一般根据太阳黑子出现数
目的多少，把太阳活动分为太阳极大年和太阳极小年。在太阳极大年期间，太阳黑

子频繁出现，各类太阳活动现象达到顶峰。而在太阳极小年期间，太阳黑子相对较少，而太阳活动也较为平静。

目前，被观测到最大的太阳黑子直径可以达到 50 000 km，大约是地球的 4 倍，因此在地球上的人们肉眼可见到。太阳黑子通常成群出现，最多的时候数目可以达到 100 个以上，不过 10 个以上的太阳黑子成群出现通常非常稀少，单个太阳黑子与太阳黑子群如图 2.9 所示。

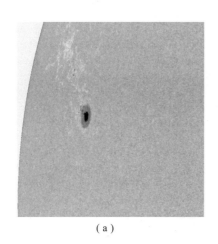
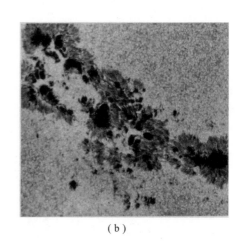

（a）　　　　　　　　　　　　　　　　（b）

图 2.9　太阳黑子

（a）单个太阳黑子；（b）太阳黑子群

太阳黑子的发展和持续时间从几小时到几个月。在历史上，太阳自转周期的测量是通过太阳黑子在其表面的转动而实现的。1610 年，伽利略通过望远镜首次在欧洲观测到太阳黑子，并且由此推断出太阳自转周期大约在 1 个月左右。不过，由于太阳并不是一个固态球体，所以伽利略的推断并不是特别准确。根据现代的测量显示，太阳自转周期在其赤道地区平均为 25.1 天，而在 40°地区大约为 28 天，在极区为 34.4 天。太阳自转方向与行星围绕太阳公转方向相同。

太阳黑子数是由单个太阳黑子数目加上太阳黑子群数目乘以 10 倍而给出，1848 年由 Rudolph Wolf 提出，由式（2.9）进行计算。

$$R = k(10g + s) \tag{2.9}$$

式中，R 为太阳黑子数；k 为观测系数（一般小于 1）；g 为观测到的太阳黑子群数目；s 为观测到的单个太阳黑子数目。

由于太阳黑子群的平均黑子数约为 10 个，根据式（2.9）可以在观测分辨率较差的情况下给出相对可靠的估计值。通过对太阳黑子数长年累月的观测，可以发现太阳黑子数呈 7～11 年周期性变化。格林尼治天文台从 1874 年起对太阳黑子的大小、位置和数量进行详细的观测记录。观测结果表明太阳黑子并不是随机出现的，而是在南北纬一定纬度范围内，如图 2.10 所示。图 2.10（a）也被称为蝴蝶图，它展示了 1880 年至 2010 年太阳黑子的位置和地点。由图 2.10 可以看到，太阳黑子首先在中纬地区出现，然后逐步移动到赤道附近。通过观测太阳黑子的磁极性，可以发现太阳南北半球前导黑子的磁极性正好相反。太阳黑子的磁极性变化完成一次循环，正好需要两倍太阳周期年，即 22 年，这也被称为海尔定律。

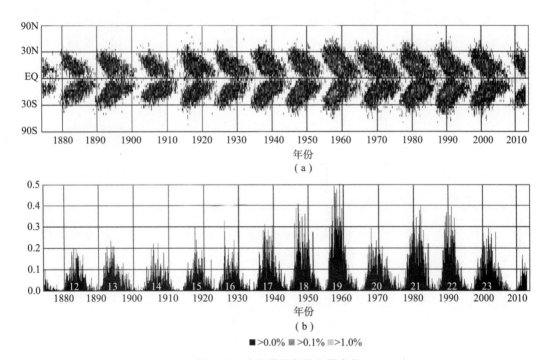

图 2.10　太阳黑子数及位置变化

（a）等纬度地带的太阳黑子区域（带状区域的百分比）；（b）日均太阳黑子面积（半球可见度占比）

在太阳极小年期间，太阳磁场形貌接近偶极子场，即在太阳极区磁力线开放。太阳极区磁场强度大约为 50 Gs，是地球磁场强度的 100 倍左右。而在太阳极大年期间，太阳黑子伴随强磁场的出现，使得太阳表面磁场变得不规则。太阳黑子中心磁场强度可以达到 1 000 Gs 以上，使得太阳表面磁场活动变得十分复杂。

太阳磁场并不局限于太阳附近，太阳风等离子体可以"冻结"太阳磁场并向整个太阳系扩散。我们把行星之间的太阳磁场称为行星际磁场（Interplanetary Magnetic Field，IMF）。由于太阳有平均 27 天的自转周期，行星际磁场形成类似风扇的螺线形结构，我们称之为"帕克螺旋"（Parker Spiral）。

当太阳风与一个有完整磁场的行星相遇时，行星向阳一侧的磁场将被压缩，而背阳一侧的磁场将被拉伸。这时，行星自身等离子体与太阳风分界的区域被称为磁层顶。磁层顶包裹整个行星，带电粒子的运动受磁场顶影响，而不受太阳磁场控制。地球、木星、土星、天王星、海王星等行星都拥有较强的磁场，所以它们能够俘获等离子体，并形成行星磁层。磁层处于行星大气和电离层与行星际空间和太阳风的共同作用之下。研究地球磁层可以更好地理解其物理过程，进而预报并及时规划磁层内航天器及地面设施的活动，避免它们受到磁层活动的影响。

另外，衡量太阳活动的一个重要参数为 F10.7 指数，它是指太阳所辐照出波长为 10.7 cm（2 800 MHz）无线电波在单位面积的辐照通量，通常采用太阳通量单位 SFU（solar flux unit）表示。1 SFU 等于 10^{-22} W/(m² · Hz)。F10.7 指数变化与太阳极紫外辐射和长期活动相关，在太阳极小年时约为 50 SFU，而在太阳极大年时可以达到 240 SFU。相比太阳极紫外辐射，10.7 cm 波长无线电波更容易穿越大气层达到地面，因此无线电波与地球的气候环境变化密切相关。

太阳黑子和 F10.7 指数均表征太阳活动的长期变化，对于瞬时变化我们通常采用地磁活动指数 K_p 或 a_p 指数表示。剧烈的太阳活动通常引起地球磁暴的发生，进而导致 a_p 指数的变化。在地磁活动平静期，a_p 指数变化范围为 0~6，而在发生磁暴时，a_p 指数可以达到 30 甚至 50 以上。

2.2.2 日冕物质抛射与太阳耀斑

历史上地球一些重大的空间天气事件与太阳表面大气向行星际空间的猛烈喷发相关。这种喷发现象被称为日冕物质抛射事件（CME）。一个大的 CME 包含 10^{13} kg 物质，这些物质以每小时百万千米的速度大范围地喷射到太空中，冲击其路径上的行星和航天器，如图 2.11 所示。

CME 微粒并不全都直接飞向地球，但如果它们直接撞击地球，可能引起地磁暴，进而损坏输电网。CME 引起近地空间辐射环境增强，还可能损坏在轨航天器的电子设备，并且使在进行空间活动的航天员暴露在过度的辐射风险中。例如 1998 年 5 月 19 日，当地时间夜间 22 点，银河 4 号通信卫星姿态控制系统及其备份系统失效，经调查是 CME 引起的辐射环境增强造成的。这次故障致使 4 500 万用户无法使用电话传呼服务。

图 2.11　日冕物质抛射事件

在太阳活动极小年，有时一周都观测不到耀斑，而在太阳活动极大年，每周可能发生 2 ~ 3 次。有些 CME 在太阳背面或侧面发生，因此相对容易辨识，而且不大可能影响地球上的航天系统。当 CME 在太阳正面发生时，由于太阳光的强光作用，CME 仅稍降低了太阳亮度，此时需要太阳光遮挡盘来识别其周围大气变化。CME 喷射物质最快可以达到 2 000 km/s，远大于太阳风 400 km/s 的速度，由此可以产生行星际激波现象。

CME 有时与太阳表面短暂的能量爆发相关，这些爆发现象被称为耀斑。早在 1859 年 9 月，Carrington 首先发现了耀斑现象，之后在夜间凌晨 4 点左右，地球上磁场记录仪监测到磁暴引起剧烈的磁扰动现象。通常耀斑在太阳活动极大年的表面活跃区域发生。耀斑持续时间从几十秒到几小时。强耀斑产生的太阳 X 射线和紫外辐射可以是平常活跃区跃的百倍以上。如图 2.12 所示，左侧亮斑为我们展示了 1997 年 5 月发生的一次耀斑景象。

在太阳活动极大年，耀斑活动变得频繁，平均每周都可以观测到。它加热太阳表面使气体温度上升到几千万开尔文，由此产生从无线射频到 γ 射线波段的强烈辐射。太阳耀斑越强，其 X 射线辐射强度越大。图 2.13 所示为 GOES − 8 和 GOES − 9 卫星观测到的一次耀斑事件中 X 射线 5 分钟能量强度变化图谱。如图 2.13 所示，图谱纵坐标为耀斑强度分级，根据能量从低到高分为 A、B、C、M 和 X 级。从图 2.13 可以看出，本次记录的耀斑达到 C 级。

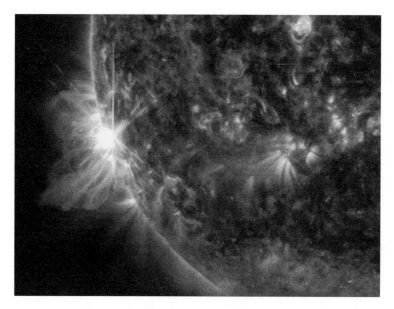

图 2.12　太阳耀斑

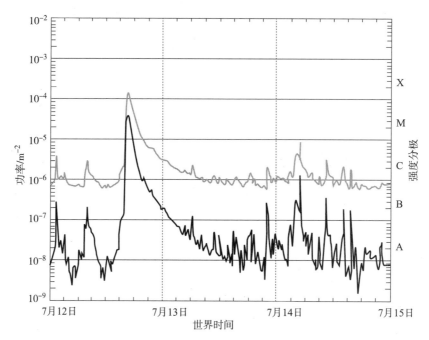

图 2.13　太阳耀斑的 X 射线辐照强度变化图谱

　　太阳耀斑可以沿行星际磁场加速质子和电子到达地球上空。大耀斑通常伴随高能质子事件，可以在耀斑峰值后 30 分钟内到达地球，绕磁力线下旋进入地球高层大气，同时也可以造成航天相机 CCD 的雪花斑点，这一现象也被称为太阳质子事件。

在太阳质子事件中，太阳质子能量可以达到 1 MeV ~ 10 GeV，通量相比宇宙线低能端增加几个量级。太阳质子与宇宙线离子可以造成航天器电子器件发生单粒子效应。通常采用 1972 年太阳质子事件能谱作为最恶劣情况的代表性能谱。

1993 年，Feyman 等人结合太阳质子事件发生概率，在分析 1963 年至 1991 年数据的基础上，对能量 1 ~ 60 MeV 太阳质子进行建模，该模型也称为 JPL 模型，10 MeV 以上太阳质子通量密度分布概率如图 2.14 所示。

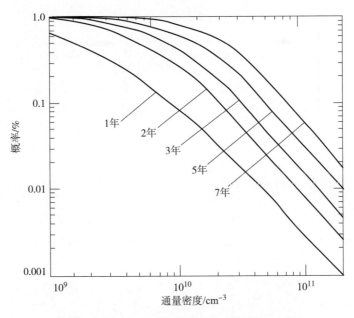

图 2.14　10 MeV 以上太阳质子通量密度分布概率

基于图 2.14，如果给定 95% 置信区间，2 年期 10 MeV 以上质子通量密度为 4.9×10^9 cm^{-3}。该模型假设了 1 AU 以外质子通量密度与日心距离 r 成 r^{-2} 关系，在 1 AU 以内为 r^{-3}。

行星际空间通常被描述为一无所有的真空状态，这其实并不准确。行星际空间是太阳风湍流加速的区域，其速度为 250 ~ 1 000 km/s，从太阳表面出发到达地球需要 2 ~ 4 天。太阳风密度、组成和强度等特征与太阳活动状态密切相关，部分太阳风冻结了磁场形成磁云现象，这一现象对地球磁层活动有较大影响。

太阳风到达地球时，造成的影响与行星际磁场方向相关。当太阳风磁场方向与地球磁场方向相同，即均为北向磁场时，此时影响相对较小；当太阳风磁场方向与地球磁场方向相反，即太阳风磁场为南向磁场，此时太阳风将通过磁重联现象撕开地球磁场，使太阳风得以进入地球磁层，引发全球性磁场和空间辐射粒子分布变化，称为磁暴现象。磁暴通常持续几小时到几天，采用 D_{st} 指数（Dst Index）进行描述，如图 2.15 所示。

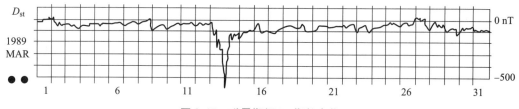

图 2.15　磁暴期间 D_{st} 指数变化

磁暴肉眼可见的一种现象就是极光。极光发生于南北纬 60°～80°区域，该区域被称为极光卵形区。高亮度的极光是由于电子和离子穿透地球磁层进入上层大气区域，与气体分子碰撞产生。随着磁暴强度的增加，极光的发生纬度逐步向赤道迁移。1909 年，在最强磁暴作用下，曾在新加坡观测到极光。因此，极光离赤道越近，意味着磁暴强度越大。

图 2.16 左侧所示为 1989 年 3 月 14 日夜间 01∶51 在南极区域发生的大范围极光现象。图 2.16 右侧所示为如果航天器在北极上空可能观测到的极光景象。从图 2.16 可以看出，在大范围极光活动下，中高纬度地区也可以观测到极光现象。

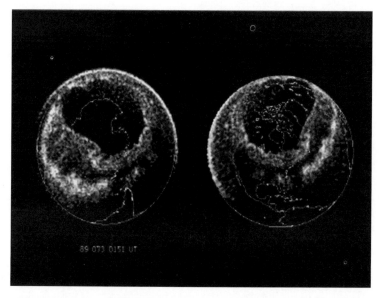

图 2.16　1989 年南极极光观测（左）及北半球反演图（右）（见彩插）

2.2.3　太阳风

太阳源源不断地向外散发等离子体，被称为太阳风。太阳风是来自于日冕的等离子流，太阳风温度约为 150 000 K，是太阳的最外层大气。在地球附近，太阳风的速度与太阳活动情况有关，为 300 ~ 1 000 km/s，平均速度约为 400 km/s。太阳风平均密度较低，大约每 1 cm³ 存在 1 ~ 10 个粒子，其成分中约 95% 为数量几乎相等的电子和质子，约 4% 为氦原子、α 粒子，其余 1% 为重原子核，整体呈电中性。

对太阳风最早测量的是水手 2 号探测器。1990 年，尤利西斯号（Ulysses）探测器发射进入深空。尤利西斯号穿越木星时，木星引力的弹弓效应使它在 1994 年秋季穿越太阳南极，在 1995 年冬季穿越太阳北极。尤利西斯号第二次穿越太阳南极是在 2000 年，并且在 2001 年穿越太阳北极。尤利西斯号的两次穿越提供了太阳极大年和极小年太阳风的信息。2000 年，在太阳极大年时，人们发现太阳南极磁场几乎消失。

1997 年 8 月，ACE 卫星发射升空，运行在日地 L1 点（日地拉格朗日 1 点）轨道。ACE 卫星上有许多仪器，它可以监测太阳风速度、磁场强度和方向，以及成分。人们对太阳风成分感兴趣，因为太阳风成分可以指向太阳的起源等信息。目前，人们发现太阳风成分与太阳表面成分有较大差别，这一发现表明太阳风与太阳活动相关。

行星际磁场冻结在太阳风中，它在地球附近的磁场平均值为 5 ~ 10 nT。太阳风限制了行星磁场的范围，太阳风粒子数量、密度和速度的变化可以引起磁层顶位置的改变。同时，太阳风的变化也可以引起地磁场的变化，例如产生地磁暴现象，以及由粒子沉降进入大气导致的极光等。对于具有弱磁场或没有磁场，而且基本不存在大气的天体来说，例如月球、火星等，太阳风则直接影响其表面。太阳风密度、速度、温度和磁场属性随太阳活动周期、日面纬度、日心距离和旋转方向而变化，与日冕状态密切相关。

太阳风存在的另一个证据是彗尾。1950 年，Biermann 首先对此进行了研究。通过观测可以发现，如图 2.17 所示，随着彗星靠近太阳，彗尾是朝向远离太阳的方向。最初，人们认为这一现象是太阳电磁辐射压力导致的，但彗尾中气体离子的存在，让人们认识到太阳发射出的等离子体即太阳风也可以导致这一现象。

图 2.17 海尔波普彗星

假设太阳风中等离子体与气体近似,当气体压力达到平衡状态时,则它们的压力梯度应满足引力方程。

$$\frac{\mathrm{d}P}{\mathrm{d}r} = -\frac{G\rho m_\mathrm{s}}{r^2} \qquad (2.10)$$

式中,P 为气体压力。

采用理想气体定律有

$$P = nkT_k \qquad (2.11)$$

式中,n 为单位体积粒子数;k 为玻耳兹曼常数;T_k 为粒子运动温度。

若已知气体分子质量 m,可以求得气体密度为

$$\rho = nm \qquad (2.12)$$

在太阳风中,热传导是气体温度的重要来源,导热系数 κ 是温度 T_k 的函数。

$$\kappa = \kappa_0 T_k^{5/2} \qquad (2.13)$$

式中,κ_0 为常数。

根据式(2.13),可以求得传导的热量 L_{cond} 为

$$L_{\mathrm{cond}} = -4\pi r^2 \kappa_0 T_k^{5/2}\frac{\mathrm{d}T_k}{\mathrm{d}r} \qquad (2.14)$$

根据能量平衡关系,传导的热量 L_{cond} 应为常数,因此由式(2.14)可以求得

T_k 与 r 的关系为

$$T_k = T_c \left(\frac{r_c}{r} \right)^{2/7} \tag{2.15}$$

式中，T_c 为参考点 r_c 的太阳风温度。

当太阳风沿着径向向外传播时，由式（2.10）和式（2.12）可以求得太阳风径向速度 V_r 变化。

$$nmV_r \frac{\mathrm{d}V_r}{\mathrm{d}r} = \frac{\mathrm{d}(n\kappa T_k)}{\mathrm{d}} - \frac{Gnmm_s}{r^2} \tag{2.16}$$

此外，根据质量守恒有

$$nr^2 V_r = \mathrm{const} \tag{2.17}$$

式（2.16）和式（2.17）描述了太阳风的运动轨迹，结合太阳的自转运动，通过求解式（2.17），可以得到太阳风运动轨迹如图 2.18 所示。

图 2.18　太阳风运动轨迹

由式（2.10）~式（2.17）可以求得太阳风随着日心距离 r 的压强、密度和温度变化。当延伸到地球附近时，太阳风的温度约为 5×10^5 K，粒子数密度约为 4×10^8 kg/m^3。

在等离子体物理中，有一个重要的参量为等离子体声速，地球附近的等离子体

在 150 000 K 时的声速为

$$c_{s} = \sqrt{\frac{\gamma \kappa T}{m}} = \left[\frac{(5/3)(1.38 \times 10^{-23})(150\,000)}{1.673 \times 10^{-27}}\right]^{1/2} \approx 45.4 \; (\text{km/s}) \quad (2.18)$$

式中，γ 为比热系数；κ 为玻耳兹曼常数；T 为温度；m 为质子质量。

太阳风在地球附近的平均速度约为 400 km/s，因此太阳风为超声速传播。随着日心距离的增加，太阳风压强 P 趋于常数，密度随着距离呈 $r^{2/7}$ 变化。

太阳风的存在与地球磁暴密切相关，在太阳耀斑等现象活动几十个小时之后，地球磁场受到剧烈的扰动，引起磁层和电离层的一系列变化。太阳光辐照无法解释该现象的发生，因为太阳光仅 8 分钟左右就可以达到地球。因此人们认为太阳发射的物质，经过几十个小时后到达地球引起地球磁场变化，即是太阳风。

在冕洞存在时，太阳风能量除热传导方式以外，还可以通过电磁波的方式，即 Alfvén 波进行加热传播。在冕洞磁流管中，Alfvén 波提供的能量流为

$$F = \rho \Delta V^{2} V_{A} S \quad (2.19)$$

式中，ΔV^{2} 为波速度的平方；V_{A} 为 Alfvén 速度；S 为磁流管的截面积。

Alfvén 速度与磁场强度的关系为

$$V_{A} = \frac{B}{\sqrt{\mu_{0} \rho}} \quad (2.20)$$

式中，μ_{0} 为磁导率。

在磁通量为常数时，波速度与密度的关系满足

$$\Delta V^{2} = \Delta V_{0}^{2} \sqrt{\rho / \rho_{0}} \quad (2.21)$$

太阳风速度从超声速转变为亚声速的分界面称之为激波边界。在激波边界中，太阳磁场方向和带电粒子流方向发生剧烈变化。一般人们认为此界面距离太阳 100 ~ 120 AU，一些证据表明旅行者 1 号探测器可能在约 95 AU 处穿越此边界。

激波边界外就是太阳风和银河系其他部分的实际分界面，称为太阳风层顶，距离太阳 150 ~ 160 AU。激波边界与太阳风层顶之间是太阳风鞘。星际等离子体相对于太阳和日光层的速度约为 26 km/s，这将导致太阳风层顶变形，形成一条远离太阳类似于彗尾的尾迹。弓形激波可能存在于距太阳 230 AU 的地方，它和太阳风层顶之间是外层太阳风鞘。

2.2.4 太阳光辐射

太阳光可以直接照射到地面，是地球主要的能量来源。太阳光电磁辐射谱包含

了 γ 射线、X 射线、可见光、紫外线、红外线、微波、无线电波等波段。所有波段的太阳光均以光速传播，其中人眼对 $4.3 \times 10^{14} \sim 7.5 \times 10^{14}$ Hz（对应波长 $400 \sim 698$ nm）电磁波波段相对敏感，即红外线至紫外线之间的可见光波段。紫外线以上或红外线以下的电磁波频率人眼无法察觉。特别是 $3 \times 10^{12} \sim 4.3 \times 10^{14}$ Hz（对应波长 $0.23 \sim 1$ μm）红外线，对地球的能量供给体系的平衡起着重要作用。

太阳光电磁辐射的重要作用之一为输送辐射能量。辐射能量单位为焦耳（J），而单位时间辐射能量强度即辐射通量单位为瓦特（W），单位面积上辐射通量即辐射通量密度单位为瓦特每平方米（W/m²）。考虑到不同波段电磁辐射的贡献，可以将太阳光的能量分为各个波段的辐射通量密度，即太阳光分布的微分通量密度，如图 2.19 所示，常用单位为 W/m²/nm。

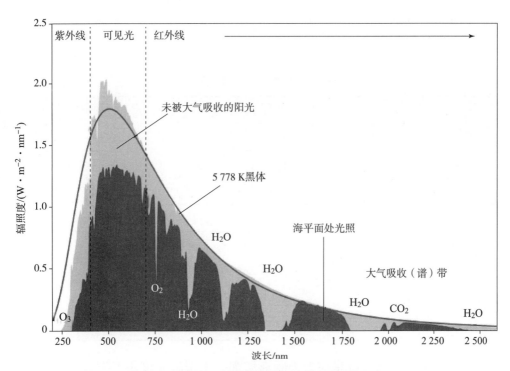

图 2.19　地球太阳光辐射能谱分布与黑体辐射分布

图 2.19 对比了地球附近太阳光能谱分布与黑体辐射分布的差别。在理想状态下，太阳光辐射能谱接近 5 778 K 黑体辐射分布，但由于地球附近的水汽和各类气体成分吸收，到达地面的光谱将如图 2.19 中深色部分所示。

为了描述各个行星受到太阳的辐射强度，我们一般用太阳辐射度 S 来表示，太阳辐射度的定义与辐射通量密度类似，是指单位时间垂直入射到单位面积的太阳光

能量，表示为

$$S = \frac{dE}{dt}\frac{1}{A} \qquad (2.22)$$

式中，A 为垂直入射面积。

根据能量守恒关系，各个球面距离上太阳辐射总能量应当相同，由此我们可以得到太阳辐照度随太阳距离 r 的关系为

$$S(r) = S_e\left(\frac{a}{r}\right)^2 \qquad (2.23)$$

式中，a 为日地距离，即 1 天文单位（1 AU）；S_e 为地球的太阳辐照度，也称为太阳常数，为 1 366 W/m^2。

根据式（2.22）我们可以知道太阳辐照度 S 单位为 W/m^2，同时可以求出太阳表面向外辐射总能量约为 3.84×10^{24} W。行星由于到太阳距离不同造成太阳辐照通量密度不同，其分布符合式（2.23），如表 2.2 所示。

表 2.2　不同行星的太阳辐照通量密度

行星	距离/(10^9 m)	太阳辐照度/（W·m^{-2}）
水星	57	9 228
金星	108	2 586
地球	150	1 366
火星	227	586
木星	778	50
土星	1 426	15
天王星	2 868	4
海王星	4 497	2

由表 2.2 可见，随着行星与太阳距离增加，太阳辐照度不断下降。因此在深空探测中，对于木星以外的行星，我们可以获取的太阳能量十分微弱，单由太阳电池的供电已很难满足探测器的工作需求，这时将需要采用核电池等技术手段。

2.3　磁层对太阳活动的响应

2.3.1　地磁层的基本特征

地球磁层是位于电离层和行星际磁场之间的区域。在地球向阳面一侧磁层受到太阳风的动压和磁压作用而被压缩；在地球背阳面一侧，磁尾能够延伸至地球半径数百倍的区域。当太阳风与磁层相遇时，由于太阳风相对磁层的速度很大，便形成了弓形激波。通过弓形激波的传播，太阳风等离子体流速度减小，方向发生了改变，环绕磁层的等离子体流大部分转向进入了磁鞘。太阳风中的一些粒子随着地磁场磁力线进入地球两极，所进入的区域被称为极隙区。除了极隙区及太阳活动频繁时期，磁层可以保护地球避免直接受到太阳风侵蚀。

如图 2.20 所示，地球磁层可以分为不同的区域。需要注意的是，各区域之间没有严格的界线，每个区域都是动态耦合的。磁层顶是由于太阳风和磁层相互作用产生的磁层边界，它属于磁鞘与磁层之间的过渡区域，磁鞘与磁层的等离子体在此处发生混合。太阳风带电粒子通常有大于磁层顶厚度的回转半径，但由于洛伦兹力不够大，无法形成反射，因而通常能够进入该过渡区域。

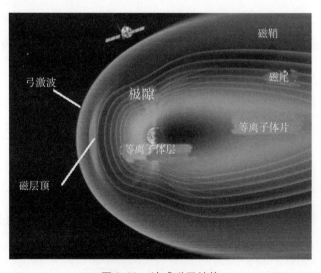

图 2.20　地球磁层结构

磁层顶的位置，或称磁层平衡距离，是由太阳风动压力与地球磁场压力之间的

平衡关系决定的。太阳风动压力是指假设太阳风作为运动粒子时可施加的压强，表示为

$$(Nm)v\mathrm{d}v = \mathrm{d}p_d \tag{2.24}$$

对式（2.24）两端积分得

$$p_d = \frac{1}{2}(Nm)v^2 \tag{2.25}$$

式中，p_d 为太阳风动压；v 为太阳风的速度；m 为太阳风粒子的质量；N 为太阳风粒子密度。

将两块磁铁极性相同的一端互相靠近时，人们可以感受到磁场所施加的压力。地球磁场也具有同样的性质，地磁场磁压的计算公式为

$$p_m = \frac{B^2}{2\mu_0} \tag{2.26}$$

式中，p_m 为磁压；B 为磁通量密度；μ_0 自由空间磁导率。

当太阳风的动压与磁场的磁压相等时，有

$$Nmv^2 = \frac{B^2}{\mu_0} \tag{2.27}$$

偶极磁场的赤道磁通量密度值可以用式（2.28）表示为

$$B_{\mathrm{dipole}} = \frac{B_0}{(r/R)^3} \tag{2.28}$$

式中，B_0 为磁赤道位置的磁通量密度；r 为地心距离；R 为行星半径。

由于磁场在地球向阳一侧被压缩，因此受到压缩的偶极子强度将增大，可表示为

$$B_{cp} = \frac{kB_0}{(r/R)^3} \tag{2.29}$$

式中，k 是一个大于 1 的无量纲因子。将式（2.29）代入式（2.27），则到日下点磁层的距离可表示为

$$\frac{r}{R} = \left(\frac{k^2 B_0^2}{\mu_0 Nmv^2}\right)^{1/6} \tag{2.30}$$

各行星磁层顶与电离层顶的特征值如表 2.3 所示。其中，木星一部分向外的压力，是由木卫一上火山喷发形成的快速旋转的等离子体提供的。

表 2.3　各行星磁层顶或电离层顶的特征值

行星	距太阳距离/AU	赤道磁场强度/T	太阳风密度/cm^{-3}	太阳风压强/Pa	磁层顶/电离层顶平衡距离/R	等离子体来源*
水星	0.39	3×10^{-7}	53.0	20×10^{-9}	1.1 ~ 1.5	W
金星	0.72	—	15.0	5.8×10^{-9}	1.1 ~ 1.5	W, A
地球	1.00	3.0×10^{-5}	8.0	3.0×10^{-9}	10	W, A
火星	1.52	—	3.5	1.3×10^{-9}	1.1	A
木星	5.20	4.28×10^{-4}	0.30	0.1×10^{-9}	50 ~ 100	W, A, S
土星	9.58	2.2×10^{-5}	0.89	30×10^{-12}	16 ~ 24	W, A, S
天王星	19.20	2.3×10^{-5}	0.02	8×10^{-12}	14 ~ 24	W, A
海王星	30.06	1.4×10^{-5}	0.000 9	3×10^{-12}	20 ~ 30	S
*W 代表太阳风，A 代表大气，S 代表卫星						

磁鞘是位于弓形激波与磁层顶之间的区域。在磁鞘区，磁场是紊乱、扭曲的，并且比磁层的磁场强度要弱。在弓形激波的日下点附近，磁鞘的等离子体比太阳风更加炽热，密度更大，速度更小，但依然保持为无碰撞等离子体。磁鞘的离子密度为 2 ~ 50 cm^{-3}，温度为 5×10^5 ~ 5×10^6 K。然而在弓形激波的两侧，由于激波强度的减弱，等离子体速度会加大，达到太阳风速度，与太阳风越来越相近。

磁层位于地球背阳面一侧的部分是磁尾。与磁层在地球向阳面一侧被太阳风挤压、限制形成对比，磁层在背阳面一侧则延伸为长长的磁尾。磁层的这一部分非常活跃，周围电子及离子的能量变化也很剧烈。在磁尾，太阳风使偶极磁力线拓展为赤道电流片，这些偶极磁力线几乎平行或逆向平行于地日连线。

中性点是磁力线聚合的地方，只有在磁通量密度接近于 0 的位置才存在中性点。在中性点上，磁力线两侧的等离子体能够分离，并与不同的磁力线重新连接。一般人们认为当中性点形成时，磁尾中储存的能量通过磁重联释放。在磁重联过程中，逆向于中性点的磁力线重新连接，并使等离子体粒子加速，达到足够的能量，进入高层大气，这一过程被称为磁箍缩。在磁箍缩的远端，通常有一些等离子泡从磁尾被挤压出去。

中性片是一个较薄的表面，在这个表面上南北半球的地磁场相互抵消，使得地磁赤道面基本上呈磁中性，并且将磁尾等离子体分为北瓣与南瓣。中性片是北瓣向内地磁场磁力线与南瓣向外地磁场磁力线的分界面。

等离子体幔是从极隙延伸至磁层顶内侧的边界层，同时具有行星际和地球磁场的特征。等离子片位于中性片两侧，以赤道为中心，是由磁性较弱的磁场及稠密的热等离子体构成。在等离子片北部，磁场方向朝向地球，而在等离子片南部，磁场方向背向地球。当太阳活动不频繁、太阳风相对稳定时，等离子片保持平衡状态。当中性片的平衡状态被太阳活动打破时，将导致整个磁层的变化。

典型的等离子片（如图 2.21 所示）有 4 ~ 8 个地球半径厚，离子密度为 0.1 ~ 10 cm^{-3}，温度为 8×10^6 ~ 8×10^7 K。在等离子片区域会发生许多磁场活动，尤其是磁暴发生时，该区域的磁场活动更加频繁。在太阳宁静期，等离子片主要包含源自太阳风等离子体；在太阳活跃期，源自电离层等离子体将占等离子片的主导。等离子片边界层与地球极区磁力线相互连接。

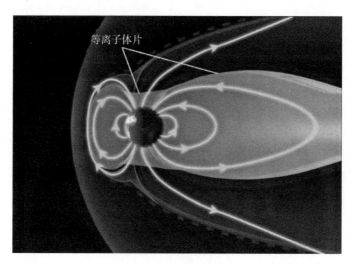

图 2.21　等离子体片

等离子体层是一个充满温度较低、密度较大等离子体的环形区域，位于电离层顶部与磁层顶之间。它是由电离层等离子体沿着地磁场磁力线向外流出而形成的。

极隙是两个漏斗形的区域，一个位于地磁北极附近，另一个位于地磁南极附近。在这个区域磁力线呈双叉伞状分布，地磁线一部分向太阳方向延伸，另一部分向磁尾方向延伸。太阳风的压力使得极隙从偶极子极点向地磁赤道转移。由于带电粒子沿磁力线运动时几乎没有阻力，极隙引导着太阳风向低空运动，太阳风与电离层和大气层发生相互作用。当太阳风由于太阳活动而增强时，太阳风与电离层和大气层的相互作用便形成了极光椭圆区。

南北尾瓣是等离子片与等离子体幔之间磁尾的主要组成部分。在北尾瓣，磁力线向北极隙方向靠近地球；在南尾瓣，磁力线远离南极隙。地磁场磁力线与中性片几乎平行，仅有一个相对小的极坐标分量，并且从偶极场向后延伸接近地球半径的 200 倍。尾瓣密度比较低，为 $0.001 \sim 0.01$ cm^{-3}。离子和电子能够轻易地沿尾瓣磁力线方向流动，直到被太阳风吹走。然而，几乎没有太阳风的粒子能够逆向上游运动接近地球，这导致了尾瓣等离子体数量密度有所降低。

如表 2.4 所示，磁层不同的区域等离子体都具有各自独特的磁场离子密度、电子温度、质子和电子速度等特征。

表 2.4　标称磁层不同区域的特征值

磁层位置	离子密度/cm^{-3}	电子速度/(km·s^{-1})	电子温度/K	质子速度/(km·s^{-1})	质子温度/K	磁感应强度/nT
太阳风	$1 \sim 10$	$200 \sim 600$	$6 \times 10^4 \sim 3 \times 10^5$	$200 \sim 600$	$2 \times 10^4 \sim 2 \times 10^5$	$2 \sim 15$
磁鞘	$2 \sim 50$	$200 \sim 500$	$10^5 \sim 10^6$	$200 \sim 500$	$5 \times 10^5 \sim 5 \times 10^6$	$2 \sim 15$
高纬边界层	$0.5 \sim 50$	—	$10^5 \sim 10^6$	$100 \sim 300$	$5 \times 10^5 \sim 8 \times 10^6$	$10 \sim 30$
等离子体鞘边界层	$0.1 \sim 1.0$	$500 \sim 5\,000$	$2 \times 10^6 \sim 1 \times 10^7$	$100 \sim 1\,500$	$1 \times 10^7 \sim 5 \times 10^7$	$20 \sim 50$
等离子体鞘	$0.1 \sim 1.0$	$10 \sim 50$	$2 \times 10^6 \sim 2 \times 10^7$	$10 \sim 1\,000$	$8 \times 10^6 \sim 8 \times 10^7$	9
尾瓣	$0.001 \sim 0.01$	—	2×10^6	—	$< 10^7$	—

对于太阳系的行星，金星和火星几乎没有固有磁场。当太阳风与一个没有磁场而只有大气的行星相遇时，行星电离层的作用力将使太阳风速度减小并转向。这时，环绕天体的行星际磁场也会发生偏转。行星等离子体与太阳风分离的区域称为电离层顶，在电离层顶的粒子热运动压力与太阳风的动压力相平衡。一般情况下，磁化的太阳风等离子体扩散进入电离层的时间非常长，因此将形成激波或弓形激波。电离层顶弓形激波的上游位置与太阳活动有关。

2.3.2　磁重联与磁暴

太阳风动压与地球磁场的磁压处于动态平衡过程，影响磁层的边界和形貌。太阳风带来的行星际磁场控制磁重联现象的发生频率，进而导致地球磁场亚暴现象的发生。例如当行星际磁场为南向时，在 CME 事件中，磁层中等离子体会被加速到较高能量，导致磁暴现象。这些现象将场向电流耦合入电离层和中高层大气，磁层不仅保护我们免受太阳风侵蚀，而且也收集太阳风的能量，以多种方式在地球上展示。

太阳风传播速度约 $300 \sim 800$ km/s，其能量比离子热运动高，在遇到地球磁场时被偏移而绕着地球分离运动。自旋半径和等离子体频率的参数对于太阳风与地球磁场相互作用过程是十分重要的。自旋半径的大小根据粒子绕磁力线运动中粒子的能量，而等离子体频率则根据等离子体密度。对于十分微弱的磁场，粒子受其影响很小，不会形成弓激波现象。在弓激波压力平衡区域附近，太阳风等离子体的回旋半径必须足够小，以形成激波现象，否则粒子将进一步穿透进入磁层。弓激波的存在类似流体的行为，是太阳风等离子体群体作用的结果。

磁重联是行星际磁场与地球磁场相互作用的重要形式。根据行星际磁场与地球磁场的指向不同，具有不同的发生形式，如图 2.22 所示。当行星际磁场为北向时，它与地球磁场方向相同，此时挤压地球磁场，在地球磁场背阳面可以发生重联现象；当行星际磁场为南向时，行星际磁场在磁层顶通过磁重联打开地球封闭的磁力线，同时在背阳面磁尾区压迫地球磁场形成重联现象。

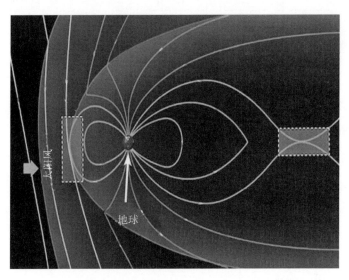

图 2.22 行星际磁场与地球磁场相互作用导致磁重联的位置

这种重联现象是与等离子体片密切相关的一种活动，它引起磁力线重新分布，这种改变使得等离子体内的能量释放。虽然等离子体也包含许多其他活动现象，但磁重联是解释大尺度磁能释放过程的一个基本理论。

磁重联现象不仅发生在地球附近，在太阳表面也时常发生。磁重联理论可以为太阳耀斑的爆发及相关的耀斑环带运动等提供较好的解释。在太阳表面日冕物质抛射过程中，磁重联是十分重要的加速机制。此外磁重联也被认为是日冕大气加热的可能过程，而且也出现在太阳磁场产生的发电机理论中。因此，磁重联的广泛存在，已使它成为等离子体物理的重要研究内容，特别是涉及非线性、非理想状态磁力线的复杂拓扑结构。

本章主要介绍了太阳的基本特征及其对地球磁层的影响。我们对太阳结构、磁场和温度分布的认识，伴随着 20 世纪光谱分析、日震成像和塞曼效应等研究而不断加深。通过多年的地面和卫星观测，我们对太阳活动有了基本的认识，但对其发生机制、与地球磁场的耦合过程、太阳风能量的输送途径等仍未明确，一些前沿研究工作仍在进行中。太阳对地球和其他行星具有强大的影响力。地面航天器的发射需要考虑极端空间天气活动的影响，航天员需要尽量避免在太阳质子或高能粒子事件时出舱活动。航天器功率设计需要考虑太阳光辐照时间和强度，等等。总之，对太阳及其对航天器影响过程的理解和应用，是环境保障航天活动的重要前提，也是空间物理现象的重要研究内容。

2.4　习　　题

1. 简述太阳的组成与结构分层，太阳结构分层是如何形成的？

2. 太阳黑子现象有哪些规律？太阳黑子与太阳磁场周期是如何关联的？

3. 太阳表面包括哪些活动现象？耀斑有哪些发展过程？

4. 计算电离层和磁层等离子体声速，比较它们与太阳风速度的大小。

5. 试比较相同条件下，冕洞附近等离子体声波与 Alfvén 波速度的大小。

6. 根据斯忒藩 – 玻耳兹曼定律，结合太阳辐照度概念计算理想状态下各个行星的平衡温度。比较各个行星的平衡温度与实际温度，并概述造成它们之间差别的原因。

7. 太阳黑子磁场强度可以达到 0.1 T，计算在该磁场强度下太阳黑子内外等离子体温度差。

8. 试根据太阳风压与磁压的关系，计算地球磁层顶位置。

9. 地球磁层包含哪些结构？其位置和活动特征是什么？

10. 简述磁重联的发生机制，以及与磁暴的区别与联系。

第 3 章

中性大气环境

中性大气环境是近地空间环境的重要组成部分，特别是对临近空间和低地球轨道，中性大气是主要的环境因素之一。本章首先介绍行星大气的产生与消失过程，之后描述地球大气环境的主要特征，包括大气成分随地面高度升高的变化规律、大气风场与密度的分布特征与常见的大气环境探测方法，并简单介绍三种常见的大气模型，最后阐述中性大气对航天器的影响机制。

3.1 行星大气的产生与消失

最早的行星大气成分很可能是氢气和氦气，因为太阳系形成初期星尘和气体盘的主要成分就是氢和氦。以地球为代表的类地行星，在形成大气层的初期十分炎热，氢气和氦气分子运动速度较快，它们热运动速度可以达到逃逸速度，因此有许多气体分子克服行星引力逃逸进入太空。这些气体分子热运动在水星、金星、地球和火星上较为明显，而木星、土星、天王星和海王星的表面较为寒冷，因而还保留着大量早期气体成分。

行星大气形成的另一个重要来源是行星的火山活动。例如在早期大陆板块形成过程中地球上的火山活动频繁，大量的水汽、二氧化碳、氨气等通过火山喷发进入大气层。二氧化碳等气体可以溶入海洋，在海洋菌类等生物的吸收和分解下，形成氧气重新进入大气层。此外，地球早期植物在光合作用下也会吸收较多二氧化碳，同时排出氧气。于是很长的时间内，地球大气中二氧化碳含量不断降低，而氧气含量逐步升高，与此同时太阳光降解氨基酸等有机成分形成氮气和氢气。

木星等气态行星存在相对较厚的大气层，而类地行星的大气层半径与它们相比较更薄，因此也更不稳定。目前，类地行星中除了金星（如图 3.1 所示）和地球存在浓厚的大气层，水星的大气已经几乎完全消失，而火星也仅留存极稀薄的大气，并且在太阳风轰击下不断损失。科学家认为早期火星也存在浓厚的大气层和海洋，有可能一度类似地球的环境，但火星磁场的消失使得其大气层不断被太阳风刮走，表面逐步变得荒漠化。

图 3.1　金星的大气云层（见彩插）

火星大气层消失的途径还包括化学反应和冷凝。氧气、二氧化碳等气体会与地表岩石成分发生化学反应，最终变为氧化铁或碳酸钙等矿石成分，其逆反应过程在一定条件也可能发生。在火星南北极或者地下深层，由于长年受到较少的太阳热辐射，温度低于气体冷凝温度，这时二氧化碳等气体会以固态干冰的形式存在。

3.2　地球大气环境特征

3.2.1　地球大气分层

地球大气层为生命提供了基本保障和宇宙辐射防护，也为地球提供了合适的温度条件和液态水所必需的压力条件。从地表往上，根据大气的温度变化规律，如图 3.2 所示，我们可以将大气层分为以下区域。

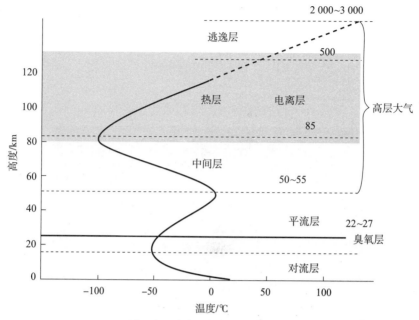

图 3.2 地球大气分层气温曲线

（1）对流层

对流层主要由剧烈的大气对流运动所表征，雨滴、云层、闪电等各类气象活动主要发生在对流层。对流层的高度大约在 15 ~ 17 km，随着高度上升温度下降，对流层顶部温度较低，最低可以小于 - 50 ℃。

（2）平流层

平流层存在逆温层，因此大气比较稳定，垂直运动微弱，以大尺度的平流运动为主，没有十分剧烈的对流运动。平流层下半部分的温度随高度变化比较缓慢，上半部分的臭氧层吸收太阳紫外辐射能量转化为分子动能，因此平流层大气温度随高度上升而迅速上升，到平流层顶部（约 50 km）温度达到最大值约 - 3 ℃，平流层顶成为平流层与中间层的分界面。

（3）中间层

中间层的温度随高度上升重新开始逐步下降，在中间层顶部（高度 80 ~ 90 km）附近达到最低温度约 - 90 ℃。中间层的大气密度已经十分稀薄，太阳光电离使其形成了电离层的一部分。

中间层水汽极少，但在地球高纬度地区夏季日出前或黄昏后，在约 75 ~ 90 km 高空会出现薄的带银白色光亮的夜光云（如图 3.3 所示），不过极罕见。夜光云可能是由高空大气中细小水滴或者冰晶构成，也可能是由尘埃构成。这种夜光云很高，而且云的质点很小，所以平时很难见到，只有在低层大气见不到阳光，而中间层还被太阳余光照射时，才能用光学设备观测到。

图 3.3　夜光云（见彩插）

（4）热层

热层大气温度随着高度上升重新开始逐步上升，到 250 km 高度时，大气温度可以达到 1 000 K，一直延伸到 400~600 km。热层包含了电离层的绝大部分区域，大气受到太阳光电离而分解成电子和离子。氧原子主要存在于热层区域，对航天器的外层材料带来新的挑战。

（5）逃逸层

热层之外是逃逸层，中性大气分子可以获得足够的能量逃脱地球引力，到达行星际空间。

极光是地球高纬度地区热层经常出现的一种大气光学现象，如图 3.4 所示。太阳风的高能带电粒子流促使热层中稀薄的空气分子或原子激发，被激发的原子、分子通过与其他粒子碰撞或者自身辐射，回到基态时发出的可见光即极光。太阳风的高能带电粒子流在地球磁场的作用下，趋向南北两极附近，所以极光经常出现在高纬度地区。当太阳活动强烈时，极光出现的次数也增多。

我们通常把对流层和对流层顶称为低层大气，把平流层、平流层顶，以及中间层和中间层顶称为中层大气，把热层称为高层大气。太阳光波长 300 nm 以上的光线可以直接到达地面，而 200~300 nm 波段的光线主要被平流层的臭氧层吸收，波

图 3.4　极光（见彩插）

长 100 nm 以下的光线被中高层大气所吸收。

影响气体成分变化随高度分布的主要因素包括重力、对流、湍流、分子扩散、太阳光的光解作用和电离作用。因此，还可以根据大气成分变化对临近空间进行分层，具体分为以下 3 种。

（1）均质层或者湍流层

由地面到约 86 km 高度的区域，称为均质层。在该区域内，湍流混合作用强于重力场对气体的分离作用和分子扩散作用，各类大气分子得到充分混合。此时大气中各种化学成分比例，除臭氧等可变气体外，在水平方向和垂直方向基本保持不变。

（2）过渡层

在 90~110 km 高度的区域，湍流的混合作用和分子的扩散作用相当，它们由完全混合到扩散平衡的过渡区，被称过渡层。在此区域内，湍流混合作用、分子扩散作用和分子氧的光解作用，以及气体分子的电离作用同时存在。从湍流混合到扩散平衡的转换区域高度称为湍流层顶，这里湍涡混合系数和分子扩散系数相当。

（3）非均质层

120 km 以上的高度区域称为非均质层。在此区域内，分子扩散运动，光解、电离作用占主导地位，大气处于扩散平衡状态。大气各种成分的含量随高度增加而变化，由于地球引力的影响，相对分子质量重的气体相对密度逐渐减少，较轻的气体相对密度逐渐增多。

3.2.2　大气标高与成分变化

对于理想气体，在重力作用下将出现密度随高度变化的情况。考虑一个六面体单元受力情况，我们可以得到

$$PA - \left(P + \frac{\mathrm{d}P}{\mathrm{d}h}\mathrm{d}h\right)A = \rho g A \mathrm{d}h \tag{3.1}$$

式中，P 为大气压强；A 为六面体截面积；h 为高度；ρ 为大气密度；g 为重力加速度；$\mathrm{d}h$ 为六面体高度。

由式（3.1）可以求得

$$\mathrm{d}P = \rho g \mathrm{d}h \tag{3.2}$$

结合理想气体定律

$$P = \rho \frac{RT}{M} \tag{3.3}$$

在各项条件不变的情况下，我们可以求得压强 P 随高度变化为

$$\frac{\mathrm{d}P}{P} = -\frac{M}{R_0 T} g \mathrm{d}h \tag{3.4}$$

式中，M 为气体的摩尔质量，R_0 为通用气体常数，T 为气体温度。

对式（3.4）进行积分，假设 $Mg/R_0 T$ 为常数，则可以求得

$$P = P_0 \exp\left(-\frac{Mg}{R_0 T}h\right) = P_0 \exp\left(-\frac{h}{H}\right) \tag{3.5}$$

式中，P_0 为初始压强；H 被定义为大气标高。

$$H = \frac{R_0 T}{Mg} \tag{3.6}$$

即每上升一个 H 高度，大气压强衰减为原来的 e^{-1}，e 为自然常数。同样地，可以求得大气密度随高度变化为

$$\rho = \rho_0 \exp\left(-\frac{h}{H}\right) \tag{3.7}$$

在实际情况中，大气标高是随高度变化而变化的，若假设除温度以外其他参数为常量，则有

$$\frac{\mathrm{d}H}{\mathrm{d}h} = \frac{R_0}{Mg}\frac{\mathrm{d}T}{\mathrm{d}h} = \frac{H}{T}\frac{\mathrm{d}H}{\mathrm{d}h} \tag{3.8}$$

通常称 $\mathrm{d}T/\mathrm{d}h$ 为温度直减率，以对流层为例，温度直减率为 $-6.5\ \mathrm{K/km}$。若温

度随高度变化为线性变化，则可以表示为

$$T = T_0 + L(h - h_0) \tag{3.9}$$

式中，$L = \mathrm{d}T/\mathrm{d}h$。

把式（3.9）代入式（3.4）之中，可以得

$$\frac{\mathrm{d}P}{P} = - \frac{Mg}{R_0 T_0} \frac{\mathrm{d}h}{1 + \dfrac{L(h - h_0)}{T_0}} \tag{3.10}$$

对式（3.10）进行积分求得压强随高度变化为

$$P = P_0 \left[1 + \frac{L(h - h_0)}{T_0} \right]^{-Mg/RL} \tag{3.11}$$

同样可以求得大气密度随高度变化为

$$\rho = \rho_0 \left[1 + \frac{L(h - h_0)}{T_0} \right]^{-(Mg/RL+1)} \tag{3.12}$$

标高公式同样适用特定的气体分子，由于地球大气成分中各种分子组成的相对分子质量不同，造成它们具有不同的标高。因此随着高度变化，大气成分比例（大气成分数）将同步发生变化，如图 3.5 所示。

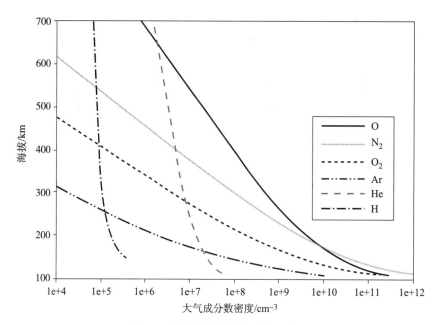

图 3.5　大气成分数密度随高度变化

由图 3.5 可以看到，在 100 km 以上区域，大气的主要成分为氧原子，而在

650 km 以上区域，大气的主要成分为氦原子。图 3.5 中大气成分分布并不是固定的，它随着太阳活动高低年而变化，但主要成分基本不变。

3.2.3 地球大气密度与风场分布特征

由于地球引力的影响，大气密度随着高度增加而近似指数减少。不过由于全球受热和地形分布不均匀，大气密度具体分布会随着纬度、经度和季节变化出现差异。

纬度对大气密度的影响一般较小，主要特征为相同高度低纬度地区大气密度普遍比高纬度地区大，大气密度随纬度的增加下降 10% ~ 30%，不同高度的变化值有所差别。图 3.6 所示为 1 月份全球不同高度大气平均密度随纬度变化的等值线。一般来说，在 30 ~ 90 km 高度以上区域，夏季半球的大气密度相对冬季半球要大些，呈递减趋势，低纬地区的变化速度相对较为缓慢。

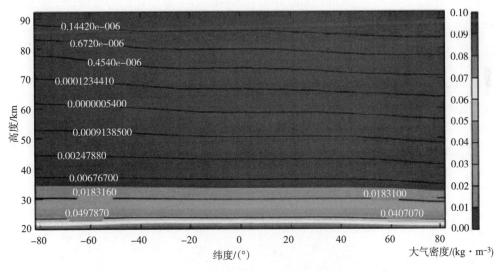

图 3.6 1 月份全球不同高度大气平均密度随纬度变化的等值线

相比于纬度变化，经度对大气密度的影响更为明显。图 3.7 所示为北纬 42°地区 30 km 高度，不同月份大气密度均值随经度变化的等值线。从图 3.7 中可以看出，在 11 月至次年 2 月冬季时期，大气密度随经度变化呈现出明显的行星波结构。而在 10 月至次年 3 月，大气密度随经度变化的幅度减弱。在 4 月至 9 月春末至秋初时期，大气密度随经度变化的幅度已经较小，呈现出明显的层状分布。

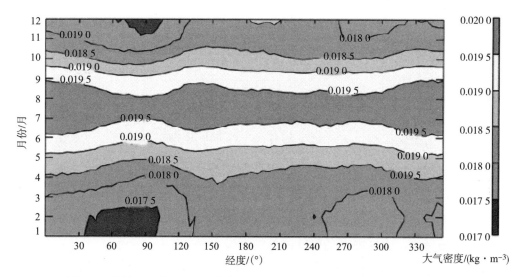

图 3.7　北纬 42°地区 30 km 高度不同月份大气密度均值随经度变化的等值线

　　大气密度随时间呈年周期变化，该变化在低纬地区的幅度较小，但中高纬度地区幅度较大。图 3.8 所示为 30 km 高度大气平均密度随月份变化的等值线图。从图 3.8 可以看到，随着纬度差异，大气密度随时间变化呈现不同特征。在南半球纬度 40°以上地区，大气在当地的冬季密度低，夏季密度高，最低大气密度出现在 8 月，最高大气密度出现在 1 月。在北半球纬度 40°以上地区，同样大气在当地的夏季密度高冬季密度低，与南半球相反，最高大气密度出现在 7 月，最低大气密度出现在 1 月。

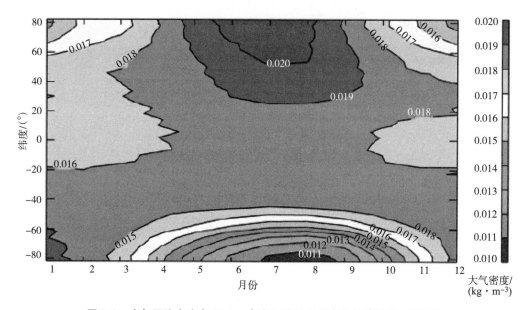

图 3.8　大气平均密度在 30 km 高度区域随月份变化的等值线（42°N）

由于中高层大气复杂的光化学反应，温度场计算值往往与实际测量值不同，计算风场分布所采用的热传输模型也有所差异，这也是目前中高层大气物理未解决的问题之一。

经过多年的数值仿真和观测数据累积，对中性大气温度计算精度有所提高，通过 NRLMSISE – 00 大气模型，可以得到较详细的温度分布规律，如图 3.9 所示。

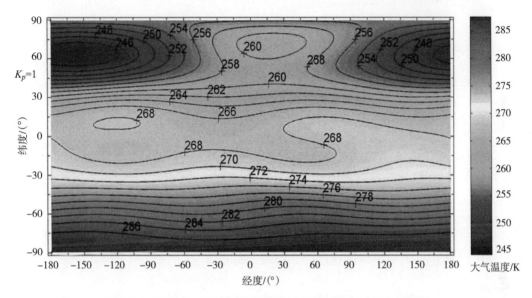

图 3.9 全球 50 km 高度大气温度分布（NRLMSISE – 00 模型）

在温度分布确定的前提下，采用中高层大气动力学方程结合大气密度分布和受力计算，可以得到中高层大气速度分布变化。

$$\rho \left(\frac{\partial V}{\partial t} + (V \cdot \nabla) V \right) = \rho F + \nabla \cdot P \tag{3.13}$$

$$P = -pI + J \tag{3.14}$$

$$F = g - 2\Omega \times V - \Omega \times (\Omega \times r) + f^{\text{ion}} \tag{3.15}$$

式中，V 为中性风速度；F 为场加速度；P 为总应力张量；p 为压力；I 为单位张量；J 为额外应力张量；g 为重力加速度；Ω 为地球角速度；r 从地球中心到该点的半径；f^{ion} 是由于与离子气体碰撞产生加速度。

采用图 3.9 温度分布结果，结合式（3.13）~式（3.15），可以计算得出 50 km 高度全球大气水平风场分布如图 3.10 所示。

由图 3.10 可见，低纬度地区大气风场主要受到对流层季风风场的影响，在南北纬上呈现弱对称性。随着高度增加，水平风的速度明显提升，从地面的 10 m/s

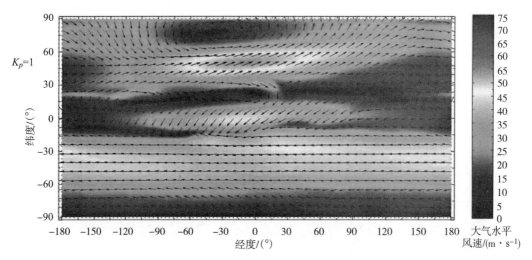

图 3.10　50 km 高度全球大气水平风场分布

到 50 km 高度的 75 m/s，而且随着高度增加还会进一步增强。此时水平风场的分布变得更为复杂，出现明显的区域特征。

此外考虑到大气密度和离子分布随高度的变化，以及局域性温度差异影响，我们同样可以计算得到垂直风的速度分布情况，如图 3.11 所示。

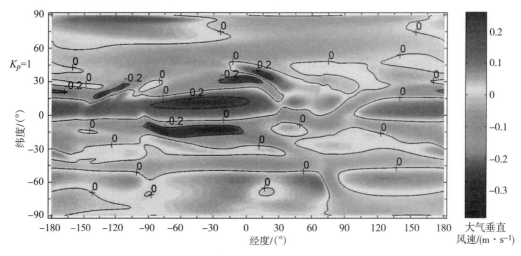

图 3.11　50 km 高度全球大气垂直风的速度分布情况

相比水平风场，50 km 高度的大气垂直风场同样呈现较明显的区域特征，垂直风场的速度要小 1~2 个量级。有时为了进一步分析大气风场特征，水平风也分为经向风和纬向风。两者分布同样有较大差异，经向风变化幅度略大于纬向风。两者随经度或纬度分布无明显规律，存在区域内的极值点，而且随着高度增加，其风速均有较大提高。

考虑到地方时差异，在午夜期间，纬向风有明显增强，而经向风有所减弱，相比之下，纬向风的风速比中午时分有较大提高，最高达到 200 m/s 以上。不同地区的纬向风和经向风分布模式有所接近，但仍有明显差异。

大气的日变化主要与太阳辐射相关，大气温度和风场的季节与年际变化跟各种波动（例如重力波和星际波）的传播和耗散是直接相关的。大气风速随着高度的上升而提高，经向风通常弱于纬向风。随着月份和季节变化，风向会出现周期性变化，南北半球的纬向风通常是反对称的。

3.3　中性大气探测与模型

3.3.1　中性大气探测

大气探测的主要内容包括温度、密度、经向风与纬向风、气辉和化学成分等。根据大气探测方法的不同，可以大致分为主动地基观测、火箭与气球原位探测、卫星遥感探测等。目前，以上设备都无法探测完整的大气变化特征，它们都具有各自的优缺点。地基观测设备和原位探测可以提供高精度和垂直分辨率探测的结果，其中地基观测设备的观测时间长、分辨率高，但观测范围有限，无法像卫星遥感那样探测大范围的大气分布。卫星遥感探测可以提供全球大气探测结果，但是时间、分辨率和空间分辨率往往受到限制。

主动地基观测设备主要包括无线电雷达、激光雷达和非相干散射雷达。大部分无线电雷达可连续观测，提供长期观测数据，用来研究大气潮汐波、重力波等其他频率的波动。

中频雷达工作波段在 0.3 ~ 3 MHz，可以获取 60 ~ 100 km 高度范围内的风场和电子数、电子密度数据。中频雷达的探测原理是部分散射机制，主要接收气体分子反射回波信号，利用全相关分析方法计算等离子体漂移速度。在 100 km 以下，离子的回旋频率远小于离子与中性粒子的碰撞频率，因此观测到的离子漂移速度就是中性风的速度。中频雷达典型探测结果如图 3.12 所示，多用于平均风场变化分析。

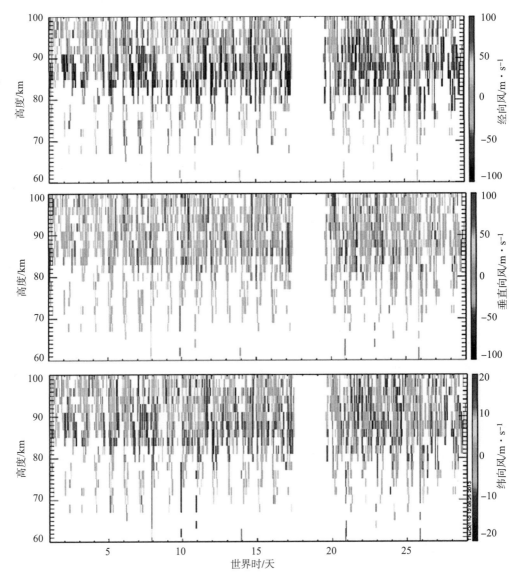

图 3.12　中频雷达获取经向风、纬向风和垂直向风风速变化（Pontianak）（见彩插）

甚高频雷达又叫中间层 – 平流层 – 对流层（MST）雷达，工作在 30 ~ 300 MHz 频段，利用大气折射率不规则体对电磁波产生散射或反射回波，可探测 20 ~ 100 km 高度大气波动、湍流、风场矢量等结构，是目前比较可靠的全天候无线电测风设备。甚高频雷达可以用来研究大气的风场、温度、电子密度、波动等现象，对临近空间大气的动力学特征研究有重要意义。

流星雷达主要利用流星尾迹散射甚高频回波信号，通过测量回波到达接收天线的延迟时间来确定回波的位置，通过回波的多普勒频移来确定不同高度的大气风场方向和速度。传统的流星雷达多为窄波束甚高频雷达,其特点是方向性很强,但只能探测雷达波束内的流星回波,因此流星回波数目较少。后来发展的宽波束相干雷达能观测全天空流星回波。流星雷达根据回波的多普勒频移可获取 70 ~ 110 km 高度大气风场密度和温度的数据,同样可实现全天候观测,同时还具有占地面积小、易于移动等优点,可实现多站点观测。

激光雷达(如图 3.13 所示)是一种高灵敏度、高分辨率的实时探测方法,它可以探测大气密度与温度,一些激光雷达也可以探测水平风场。早期激光雷达只在夜间运行,后来发展了全天候观测的激光雷达。激光雷达发射的是可见光波段电磁波,通过接收散射或反射的激光回波信号来获取 30 ~ 100 km 高度大气风场、大气密度等数据。激光雷达的时空分辨率高,可实现连续性观测,是目前主要的大气探测方法。

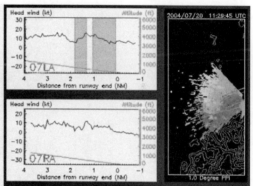

图 3.13　美国 WindTracer 激光雷达实物及其风切变探测图

重力波成像主要利用气辉辐射信号作为示踪物,它用于观测大气重力波。气辉辐射中信号较强的为 OH 和 O_2 气辉辐射,其次是 O、Na 原子气辉辐射。全天空大气重力波成像仪具有大视场成像(如图 3.14 所示)、高时间和空间分辨率、成本低等特点,对于大气重力波动现象研究有着重要作用。

非相干散射雷达(如图 3.15 所示)是目前电离层探测中最强大、最先进的地面监测手段。其工作原理是通过向电离层发射强功率脉冲信号,并接收电离层非相干散射回波,对电离层电子密度、温度、离子温度、等离子体漂移速度等参数进行探测,典型探测高度为 80 ~ 200 km,正好适用于电离层探测。

图 3. 14　大气重力波

图 3. 15　挪威非相干散射雷达

　　大气原位探测方法主要包括气球探测（如图 3.16 所示）和探空火箭探测。气球探测是释放携带探空仪的高空气球，地面雷达接收探空仪送回的探测信号，进行整理计算，获取不同高度大气温度、风场、风向和气压等数据随时间和空间分布的资料。气球搭载探空仪探测得到的数据具有较高的垂直分辨率，但由于气球材质限制，探空气球飞行高度有限，一般在 30 km 以下。

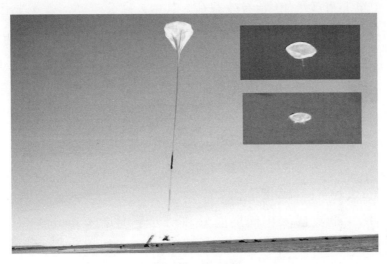

图 3.16　气球探测

探空火箭可以覆盖临近空间 40 ~ 100 km 的范围，是目前这个高度原位探测的唯一手段。探空火箭可以提供高垂直分辨率的探测数据，具有可机动、快速发射的优点，但也有探测时间短暂的缺点。探空火箭将探测仪器带到临近空间进行大气参量和成分的直接测量。探测火箭在最高点抛出探空仪，探空仪在下落的过程中可以得到大气风场、温度和压力廓线。

卫星遥感探测能够提供全球或者近于全球的温度、风场和各种化学成分等观测数据，测量波段从紫外、可见光、近短红外到热红外和微波，可分为垂直探测和临边探测两种。垂直探测是利用卫星上搭载的光学仪器垂直向下发射进行探测的方法，例如 Nimbers – 7 卫星上的太阳回波紫外光谱仪（Solar Backscatter Ultraviolet instrument，SBUV）和臭氧总量绘图光谱仪（Total Ozone Mapping Spectrometer，TOMS）。大气临边探测是一种利用探测仪器沿着水平向或者侧向探测的方法，包括太阳掩星和全球定位系统（Global Positioning System，GPS）掩星等测量方式，利用此探测方法可以得到大气风场、温度、气辉等数据的廓线。

目前，地球中高层代表性大气观测卫星有以下 3 种。

（1）太阳中间层探测卫星（Solar Mesosphere Explorer，SME）是最早研究临近空间的科学卫星，主要用于 50 ~ 80 km 臭氧生成和损耗过程的研究。

（2）高层大气研究卫星（the Upper Atmosphere Research Satelite，UARS）主要用于对平流层进行综合性研究，包括风场、温度场、太阳辐射和粒子，以及各种化学成分等。

UARS 卫星上搭载了 10 台有效载荷，其中，高分辨率多普勒成像仪（High Resolution Doppler Imager，HRDI）和风成像干涉仪（Wind Imaging Interferometer，WINDII）。HRDI 通过测量地球临边方向大气分子氧与其他成分的辐射（中间层和低热层）和吸收线（平流层），从谱线的多普勒漂移可以获得大气水平风场。探测的高度范围是白天覆盖平流层（15～35 km）、中间层和低热层（55～110 km），夜晚覆盖低热层（95 km 附近）。WINDII 是迈克尔逊干涉仪，该设备采用多普勒相干技术测量由大气运动造成的气辉发射的小的波长漂移，处理相位间隔系列图从而获得 90～200 km 大气风速和温度信息。

（3）热层–电离层–中间层能量和动力学卫星（Thermosphere Ionosphere Mesosphere Energetics and Dynamics，TIMED）主要用于研究 60～180 km 高度大气温度、气压、风速、化学成分及能量收支。

TIMED 卫星搭载了 4 台有效载荷，其中多普勒干涉仪（TIMED Doppler Interferometer，TIDI）可对大气风场进行探测。TIDI 有 4 个望远镜同时看两个正交方向，两个在卫星前方 45°方向，另两个观测 135°方向，通过临边方式扫描地区大气，测量高层大气不同成分（如原子氧、分子氧、OH 和碘）辐射波长的微小变化来确定风速风向，垂直覆盖范围为白天 80～115 km，夜晚 80～105 km。

其他探测卫星包括 Odin 卫星、ENVISAT 卫星和 Aura 卫星等。Odin 卫星主要用于臭氧层损耗过程和气溶胶的研究。ENVISAT（Environment Satellite）是目前最大的地球观测卫星，主要提供覆盖地球陆地、大气、海洋和冰盖的连续观测，可用于临近空间大气温度、风场、气压和各种化学成分的研究。Aura 卫星是通过对地观测系统（Earth Observing System，EOS）监测大气成分或环境的，提供全球大气温度、臭氧层、气溶胶等参数。

3.3.2 中性大气模型

目前，被广泛使用的临近空间大气模式主要包括标准大气模型、参考大气模型和数值模式 3 类。标准大气模式是根据理想气体定律和流体静力学方程，假设一种大气温度、压力和密度的垂直分布，并能够粗略地反映一年内中纬度大气的平均状况的模式，具有代表性的方程如下。

$$T = 900 + 2.5(F_{10.7} - 70) + 1.5A_p \tag{3.16}$$

$$m = 27 - 0.012(h - 200) \tag{3.17}$$

$$H = T/m \tag{3.18}$$

$$\rho = 6 \times 10^{-10} \exp(-(h - 175)/H) \tag{3.19}$$

式（3.16）~ 式（3.19）适用的范围为 $180 \sim 500 \text{ km}$，h 单位为 km。

标准大气模型最常用的是美国标准大气 1962、美国标准大气增补 1966 和美国标准大气 1976。不过，由于标准大气模型与实际情况偏离较大，所以目前在工程上应用较少。

参考大气模型（经验大气模型）主要是描述地球中性大气随地理位置、时间及太阳活动和地磁扰动而变化的大气模式，提供了温度、气压、密度和风场等大气环境数据。代表性的模型有空间委员会国际参考大气模式（COSPAR International Reference Atmosphere，CIRA）系列、质谱仪与非相干散射雷达（Mass Spectrometer and Incoherent Scatter Radar Extended，MSISE）系列、水平风场模式（Horizontal Wind Model，HWM）系列和高层大气研究卫星参考大气项目（UARS Reference Atmosphere Project，URAP）等。

CIRA - 86 大气模型是国际空间研究委员会（Committee on Space Research，COSR）在 1986 年推荐，作为国际参考大气模型的原型。该模型的中层大气参数包括温度、密度，以及一些主要成分（如 N_2、He、O、O_2、H 和 Ar 等）。模型对这些参数的时间、经纬度分布、季节变化、年变化、日/半日变化，以及地磁扰动和太阳活动等影响参数的变量也提供了定量计算。

在 CIRA - 86 基础上，NASA 对该模式进行了修正，把有效高度发展到了中间层和更低层大气，形成了现在较为常见的 MSISE - 90 模型，一个能描述完整大气层（从地表到热层大气）大气参数垂直结构的解析模式。

NRLMSISE - 00 是由美国海军研究实验室（US Naval Research Laboratory，NRL）对 MSISE - 90 进一步改进，它加入了从卫星加速仪轨道定轨数据导出的总密度，SMM（Solar Maximum Mission）任务中太阳紫外掩星仪器获取氧分子密度数据，以及非相干散射雷达温度数据等。它修正了高层大气总密度的计算，从而形成目前广泛使用的全球经验模型。该模型同时描述了从地面到热层（$0 \sim 1\ 000 \text{ km}$）的中性大气密度、温度等参量分布和变化。

水平风场模型（Horizontal Wind Model，HWM）是用来得到中高层大气水平中性风的经验模型，数据来源于雷达和火箭探测结果。模型可给出指定高度、经度、纬度、时间等参数的经向风和纬向风。

此外，NASA 利用 UARS 卫星测量的全球数据建立起一个从地面到低热层高度的参考大气模式（URAP）。URAP 提供月平均纬圈、平均温度场和纬向风场资料。风场数据主要来源于该卫星上 HRDI 的风场探测和 UKMO 的平流层同化数据，对这两者之间的空缺部分采用 URAP 温度资料计算出的平衡风场来填补。

数值模式是基于大气环流模式框架的模式，不仅体现大气运动的基本特征，还要加入各种物理过程（如辐射过程、对流过程、化学过程、重力波拖曳过程，甚至大气行星边界层的物理过程等）。尽管中层大气模式在近十几年得到快速发展，但大部分模式还只是包括平流层和中间层底部的大气，只有少数模式可以延伸到热层的底部。

目前，国际上较常见的大气数值模式有加拿大中层大气模式（Canadian Middle Atmosphere Model，CMAM）、全球热层－电离层－中间层－电动力学环流耦合模式（Thermosphere Ionosphere Mesosphere Electrodynamics General Circulation Model，TIME－GCM）、整层大气通用气候模式（Whole Atmosphere Community Climate Model，WACCM），等等。这些模式工程应用较少，主要用于分析大气环境及其变化的内在规律和机制。

3.4　中性大气环境效应

地球大气不仅提供生物生存所必需的环境，同时可以影响在轨航天器的运行。中性大气对航天器的效应包括机械作用和化学作用，机械作用主要包括大气阻力和物理溅射，化学作用主要包括原子氧剥蚀和航天器辉光现象。对于高度 1 000 km 以下的低轨航天器，主要面临的中性大气环境效应为大气阻力和原子氧剥蚀。大气阻力可以导致航天器轨道寿命迅速缩短，让航天器过早坠落，因此大气阻力一直是航天器风险评估的重点内容。

3.4.1　中性大气的阻力作用

对于 LEO 和 PEO 中性大气而言，气体分子或原子等粒子热运动的自由程可以达到几千米以上。如果定义克努森数（Knudsen Number）K_n 为平均自由程，λ_m 与航天器特征尺度 L_b 的比值，即

$$K_n = \frac{\lambda_m}{L_b} \tag{3.20}$$

在 LEO 或 PEO 上，克努森数 $K_n \gg 1$，即对航天器而言，气体分子或原子之间近似为无碰撞运动。根据 MSISE 模型我们可以计算得到轨道的大气平均温度在几百至几千开尔文，因此气体分子或原子热运动速度远低于航天器飞行速度。从航天器角度而言，气体粒子相对航天器的运动为超声速运动（~8 km/s）。

一般来说，中性气体粒子的分布函数 $f(\vec{x}, \vec{v}, t)$ 满足玻耳兹曼方程

$$\frac{\partial f}{\partial t} + \vec{v} \cdot \nabla f + \frac{\vec{F}}{m_p} \cdot \nabla_v f = R(f) \tag{3.21}$$

式中，$\vec{F}$ 为气体所受的作用力；m_p 为分子质量；$R(f)$ 为源项，包含了气体分子碰撞和化学反应。

如果仅考虑粒子之间相互碰撞，忽略化学反应和外界作用力的影响，则式（3.21）可以简化为

$$\vec{v} \cdot \nabla f = R(f) \tag{3.22}$$

考虑式（3.22）左右两端的特征尺度，则有

$$\frac{R(f)}{\vec{v} \cdot \nabla f} = \frac{\nu \cdot f}{v \cdot \dfrac{f}{L_b}} = \frac{L_b}{\lambda_m} = \frac{1}{K_n} \tag{3.23}$$

式中，ν 为碰撞频率。

由于 $K_n \gg 1$，式（3.23）表明气体源项 $R(f)$ 远小于其对流运动，因此式（3.22）可以进一步简化为

$$\vec{v} \cdot \nabla f = 0 \tag{3.24}$$

需注意的是，式中 $\vec{v}$ 为气体分子相对航天器速度。

如果忽视航天器的影响，粒子分布函数 $f(\vec{x}, \vec{v}, t)$ 与位置无关，且符合麦克斯韦分布，则

$$f(\vec{v}, t) = n_0 \left(\frac{m_p}{2\pi\kappa T} \right)^{3/2} \exp\left(-\frac{mu^2}{2\kappa T} \right) \tag{3.25}$$

式中，n_0 为粒子数密度；κ 为玻耳兹曼常数；T 为气体平均温度；u 为气体分子热运动的绝对速度。即

$$\vec{u} = \vec{v} + \vec{v_0} \tag{3.26}$$

式中，$\vec{v_0}$ 为航天器运动的轨道速度。

考虑到航天器表面对气体分子的相互作用，式（3.26）右边源项可以写为

$$R(f) = A(\vec{r}, \vec{v})\delta(r_s) \tag{3.27}$$

式中，$A(\vec{r}, \vec{v})$ 为航天器表面引起的粒子通量密度变化；$\vec{r}$ 为航天器中心到表面的矢量。

如果航天器为球体，$\vec{r}$ 的方向沿着径向指向其表面。δ 为 Delta 函数，r_s 为到航天器表面距离。当 $r_s = 0$ 时，$\delta(r_s) = 1$；而当 $r_s \neq 0$ 时，$\delta(r_s) = 0$。将式（3.27）代入式（3.22）可以得到

$$\vec{v} \cdot \nabla f = A(\vec{r}, \vec{v})\delta(r_s) \tag{3.28}$$

为了计算 $A(\vec{r}, \vec{v})$，需要考虑粒子与航天器表面的基本作用，包括弹性反射、弹性散射及非弹性碰撞等。Al'pert 于 1965 年对 $A(\vec{r}, \vec{v})$ 进行简化计算，得到如下结果。

$$A(\vec{r}, \vec{v}) = \frac{\vec{r} \cdot \vec{v}_0}{r} f(\vec{r}, \vec{v}), \vec{r} \cdot \vec{v} < 0 \tag{3.29}$$

$$A(\vec{r}, \vec{v}) = \frac{\vec{r} \cdot \vec{v}_0}{r} f\left(\vec{r}, \vec{v} - \frac{2\vec{r}(\vec{r} \cdot \vec{v})}{r^2}\right), \vec{r} \cdot \vec{v} > 0 \tag{3.30}$$

式中，$\vec{r} \cdot \vec{v} < 0$ 代表粒子朝向航天器运动；$\vec{r} \cdot \vec{v} > 0$ 代表粒子受到反射后与航天器同向运动。

当航天器充分吸收入射粒子时，式（3.30）为 0。

在中性粒子与航天器相互碰撞期间，航天器前表面粒子将受到压缩，而后侧尾流粒子将不断扩张，分别称为压缩区和稀疏区。当航天器表面不吸收粒子时，航天器表面粒子入射流与出射流相同，因此出射粒子密度 n_r 为

$$n_r = n_0 \frac{v_0}{u_{th}} \tag{3.31}$$

式中，u_{th} 为粒子出射的热运动速度，取决于航天器表面温度。计算入射粒子密度，则在压缩区粒子密度为 $n_0 + n_r$。

当把航天器视为点源时，其表面反射的粒子密度将随到航天器的距离 r 呈平方反比。

$$n_r = n_0 \left(\frac{r_0}{r}\right)^2 \tag{3.32}$$

式中，r_0 为航天器半径。

对于航天器反射的粒子，其沿着航天器运动特征时间 Δt 为

$$\Delta t = \frac{r_0}{u_{th}} \tag{3.33}$$

因此航天器尾流区域尺度可以近似为

$$L_R = v_0 \Delta t = \frac{r_0 v_0}{u_{th}} \tag{3.34}$$

对于尾流区域内距离为 r 的粒子，当 $r \ll L_R$ 时，粒子到达该区域需要的速度要远大于航天器表面反射运动速度 u_{th} 即

$$v \approx v_0 (r_0/r) \gg u_{th} \tag{3.35}$$

当粒子满足麦克斯韦分布，则尾流区粒子密度 n 与背景密度 n_0 之间的比值为

$$\frac{n}{n_0} \approx \exp\left(-\frac{v^2}{v_0^2}\right) \tag{3.36}$$

将式（3.36）结合麦克斯韦分布函数，代入式（3.24）。假设航天器沿着直角坐标系 (x, y, z) 的 z 轴运动，航天器位于坐标原点，最终可以求得沿着 z 轴尾流方向稀疏区粒子分布为

$$n(0,0,z) = n_0 - n_0 (v_0/u_{th})^2 (r_0/z)^2 \tag{3.37}$$

航天器正面粒子分布（$x^2 + y^2 \neq 0$）为

$$n(x,y,z) = n_0 + n_0 \frac{r_0^2}{(x^2 + y^2)} \frac{\sin^2\theta \cos^2\theta}{1 - (r_0/(x^2 + y^2)^{0.5}) \sin^3\theta} \tag{3.38}$$

θ 由式（3.39）求得

$$r_0 = 2z\cos\theta + 2(x^2 + y^2)^{0.5} \sin\theta - r/\sin\theta \tag{3.39}$$

航天器正面沿 z 轴粒子密度分布为

$$n(0,0,z) = n_0 \left(1 + \frac{r_0^2}{(2z - r_0)^2}\right) \tag{3.40}$$

航天器改变了中性粒子的动量和分布，同样地，中性粒子对航天器施加作用力，被称为大气阻力。大气阻力是航天器在中性稠密大气中运动而产生的作用力。阻力是由于大气和航天器之间动量交换而产生的，并且阻力方向与航天器运动方向相反，考虑到粒子对航天器侧面的影响，作用于航天器的阻力通常表示为

$$F_d = \frac{1}{2}\rho A C_d v^2 \tag{3.41}$$

式中，F_d 为阻力，单位为 N；A 为阻力截面积，单位为 m^2；C_d 为阻力系数，无单位；ρ 为大气密度，单位为 kg/m^3；v 为航天器速度，单位为 m/s；阻力系数 C_d 的取值通

常在 $2.0 \sim 2.6$。

在近似圆形轨道下，阻力对航天器的周期和半长轴的影响可以由式（3.42）决定。航天器的能量随时间的变化率等于阻力所做的功随时间的变化率，即

$$\frac{\mathrm{d}E}{\mathrm{d}t} = F_d \cdot v = -\frac{1}{2}\rho A C_d v^3 \tag{3.42}$$

式中，E 为航天器能量。

以半长轴表示航天器能量为

$$E = -\frac{\mu m}{2a} \tag{3.43}$$

式中，m 为航天器质量；a 为半长轴；μ 为引力系数。

通过式（3.43）左右两端对时间求导，可以得到航天器的能量变化率为

$$\frac{\mathrm{d}E}{\mathrm{d}t} = \frac{\mu m}{2a^2}\frac{\mathrm{d}a}{\mathrm{d}t} \tag{3.44}$$

因为航天器速度可以用引力系数 μ 和航天器高度 r 来表示为

$$v = \left(\frac{\mu}{r}\right)^{1/2} \tag{3.45}$$

所以航天器半长轴变化率为

$$\frac{\mathrm{d}a}{\mathrm{d}t} = -\rho C_d \frac{A}{m}v^3\frac{a^2}{\mu} = -\rho C_d \frac{A}{m}\left(\frac{a}{r}\right)^{3/2}(\mu a)^{1/2} \tag{3.46}$$

由式（3.46）可见，大气阻力会导致航天器半长轴 a 下降，而半长轴的减少将导致航天器高度 r 同步下降，由此造成了半长轴变化率的增加，也就是当航天器高度下降后其轨道寿命衰减越快，这一现象如图 3.17 所示。

大气阻力对航天器的影响除了降低其轨道高度外，还会使椭圆形的航天

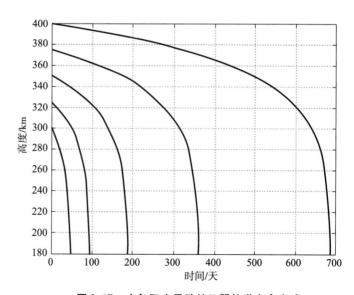

图 3.17 大气阻力导致航天器轨道寿命衰减

器轨道不断"圆化",如图 3.18 所示。航天器轨道圆化实质是远地点的高度下降程度大于近地点,使得近地点和远地点的高度逐渐接近。

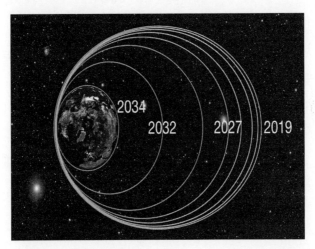

图 3.18　大气阻力导致航天器轨道"圆化"（**Johns Hopkins University**）

在式（3.46）基础上,我们可以估算航天器寿命为

$$L = -\frac{H}{\mathrm{d}a/\mathrm{d}t} \qquad (3.47)$$

式中,L 为航天器寿命,单位为天;H 为大气标高。

采用式（3.47）结合大气密度与标高,我们可以估算出航天器的轨道寿命。以 100 kg 小卫星为例,当大气标高为 60 km 时,由式（3.46）可以计算得到半长轴变化率约为 -2.86×10^{-3} m/s,最终求得在 400 km 高度的轨道寿命约 243 天。

3.4.2　粒子侵蚀与航天器辉光

航天器在空间中不仅受到大气粒子动能作用,还受到各种粒子的污染和侵蚀。污染航天器表面的主要来源为各种材料释放的气体、有机物的挥发和分解,这些释放的气体包括 H_2O、CO、CO_2 及各类化学制剂等。表面污染可以降低航天器工作性能,包括使光学镜头透光率下降、改变材料的吸热与辐射系数等。

对航天器表面污染评估和分析需要考虑 4 个过程:污染源的位置、被污染物的分子输运过程、分子与表面材料的作用过程、表面材料性能变化对航天器的影响。污染源气体分子进入目标的途径包括直接辐射、散射和自身污染等。假设污染源表面释放的气体密度为 ρ_s,则距污染源表面距离为 r,面积为 A 的污染

物密度为

$$\rho = \rho_s \frac{\Omega}{2\pi} \approx \rho_s \frac{A}{2\pi r^2} \tag{3.48}$$

式中，Ω 为方位角。

假设航天器为半径 r 的球体，其表面释放出的分子将沿球体半径方向向外扩散直至与周围分子碰撞而停止，其束流通量 Γ 沿距离 x 方向变化为

$$\mathrm{d}\Gamma = -\Gamma(\mathrm{d}x/\lambda) \tag{3.49}$$

式中，λ 为气体分子运动的平均自由程。

当航天器表面污染分子密度出气率为 N_d，分子运动速度为 v_d，则由式（3.48）和式（3.49）可以得到 x 距离处分子密度为

$$n_d = \frac{N_d \exp(-x/\lambda)}{4\pi(r+x)^2 v_d} \tag{3.50}$$

此时受到分子碰撞而返流的分子通量为

$$n_b = -\int_0^\infty \mathrm{d}\Gamma \approx \frac{N_d}{4\pi r\lambda} \tag{3.51}$$

在航天器表面，返流与出射流的比例可以写为

$$\frac{n_b}{n_d} = \frac{r}{\lambda} \tag{3.52}$$

在空间中的材料会吸收各类气体分子，同时受到温度的影响部分分子将在材料表面冷凝，以上两种因素将造成材料的质量变化。若材料同时含有吸收层和冷凝层，冷凝面积占比为 η，则材料质量变化为

$$\dot{m} = \dot{m}_{in}[(1-\eta)S_a + \eta S_b] - [\dot{m}_b \eta + \dot{m}_d(1-\eta)] \tag{3.53}$$

式中，$\dot{m}_{in}$ 为入射流的质量通量；S_a 为吸收分子比例；S_b 为冷凝分子比例；$\dot{m}_b$ 为蒸发的质量通量；$\dot{m}_d$ 释放气体的质量通量。

蒸发的质量通量 $\dot{m}_b$ 与周围压强和温度相关，采用朗缪方程式可以表示为

$$\dot{m}_b = m_s \frac{p_v(T)}{\sqrt{2\pi m_s \kappa T}} A \tag{3.54}$$

式中，m_s 为冷凝的分子质量；$p_v(T)$ 为平衡态的蒸发气压；A 为蒸发面的表面积。

相比之下，释放气体的质量通量 $\dot{m}_d$ 与其表面能级相关，其关系为

$$\dot{m}_d = \frac{m_s w_d}{\tau_d} \exp\left(-\frac{E_d}{\kappa T}\right) A \tag{3.55}$$

式中，w_d 为吸收区表面密度；τ_d 为材料表面分子运动特征时间（典型时间为 10^{-13} s）；E_d 为材料表面气体分子释放的能级，对于物理吸收的分子 E_d 一般小于 1 eV，而对于化学吸收的分子，E_d 通常在 3 ~ 5 eV。

除航天器自身释放的气体分子外，在 300 ~ 800 km 低地球轨道上，主要成分为原子氧组成的低密度大气。在该区域，太阳的短波紫外辐射（＜190 nm）被氧分子吸收，将氧分子分裂形成氧原子。由于该区域的原子和分子平均自由程足够大，原子氧重新碰撞结合形成臭氧或氧分子的概率很小，所以导致该区域内存在大量的原子氧。

由于原子氧具有很强的活性，它在航天器表面会产生一系列的化学作用。原子氧可以引起氧化和腐蚀，降低材料表面的力学、电学和化学性能，甚至剥蚀材料脱离航天器表面。以石墨为例，Tennyson 在 1993 年提出石墨典型化学反应过程如图 3.19 所示。

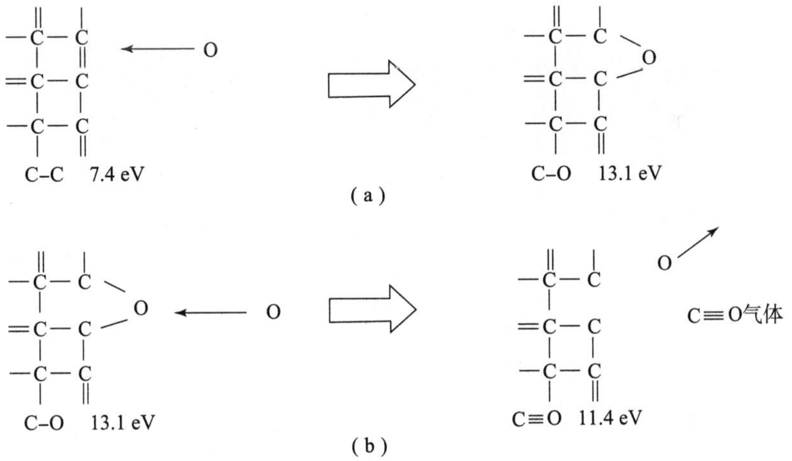

图 3.19　原子氧对石墨的侵蚀作用过程

（a）化学作用过程；（b）物理作用过程

石墨 C–C 键能级为 7.4 eV，当原子氧撞击 C–C 键时，有一定概率形成 C–O 键（键能 13.1 eV）。一旦 C–O 键形成，当能量大于 1.7 eV 原子氧再次入射时，它将释放多余的能量（11.4 eV）到材料表面，以 CO 气态形式逃逸出表面。

原子氧对航天器材料表面的剥蚀作用通常由氧化形成的活性氧化物造成，如 CO 等。太空中紫外辐射也会增强原子氧剥蚀效果。需注意的是，原子氧不一定总是形成剥蚀作用，有时会形成氧化物固定在材料表面，如二氧化硅。

原子氧的剥蚀效果可以通过剥蚀率进行计算，其定义为单位面积上其质量由原子氧入射造成的质量变化，即

$$E = \frac{\Delta m}{A\rho F} \qquad (3.56)$$

式中，E 为原子氧剥蚀率，单位为 $cm^3/atom$；Δm 为试样的质量损失，单位为 g；ρ 为试样密度，单位为 g/cm^3；A 为试样表面积，单位为 cm^2；F 为原子氧入射量，单位为 $atom/cm^2$。

通过航天飞机、国际空间站、长期暴露实验卫星等提供的测试数据，我们可以获得材料的剥蚀率 E（如表 3.1 所示）。试验表明部分材料的剥蚀率与温度无关，而另一些材料的剥蚀率与温度有关，特别是在高温环境中。

表 3.1　典型材料的剥蚀率

材料	剥蚀率/($cm^3 \cdot atom^{-1}$)
碳	1.3×10^{-24}
环氧树脂	2.2×10^{-24}
聚酰亚胺	3.0×10^{-24}
人工纤维	6.1×10^{-26}
聚酯薄膜	2.2×10^{-24}
聚酰胺	9.7×10^{-23}
塑料	3.4×10^{-25}

在获取原子氧剥蚀率 E 和材料表面面临的原子氧入射量 F 后，可以求得材料的剥蚀深度 d 为

$$d = \frac{\Delta m}{A\rho} = EF \qquad (3.57)$$

单位时间的剥蚀厚度为

$$E\Phi = \frac{\Delta d}{\Delta t} = E\frac{\Delta F}{\Delta t} \qquad (3.58)$$

式中，Φ 为原子氧通量，单位为 $atom/(cm^2 \cdot s)$。

当材料的剥蚀率已知时，原子氧通量将决定体积或质量损失的快慢。以 200 km 高度轨道为例，原子氧密度约为 5×10^{15} m^{-3}，可以以每年 0.38 mm 的剥蚀速度降低航天器外层热控 Kapton 材料的厚度。预估航天器任务期间，某一材料的体积或

质量损失太大，可以用一层更能抵抗原子氧剥蚀的涂层来保护该材料，例如一层薄的氧化铝层或二氧化硅。地面试验已经证实，对于 Kapton 等材料，增加一层薄的保护层不会明显改变材料的光学特性。

例题 3.1　若一颗卫星运行在 350 km 高度的圆形轨道上，该轨道原子氧密度为 10^{15} m^{-3}，试计算该航天器表面 Kapton 薄膜（反应率 3.0×10^{-24} cm^3/atom）厚度减少 0.1 mm 所需要的时间。

解答：航天器在 350 km 运动速度为 7.8 km/s，根据该轨道原子氧密度，求得其通量密度为

$$\Phi = 7.8 \times 10^{15} = 7.8 \times 10^{18} \ (\text{m}^{-2}/\text{s})$$

由式（3.58）我们可以求得单位时间剥蚀厚度为

$$E\Phi = \frac{\Delta d}{\Delta t} = 3.0 \times 10^{-24} \times 7.8 \times 10^{18} = 2.34 \times 10^{-9} \ (\text{cm/s})$$

最终得到剥蚀 0.1 mm 厚度 kapton 薄膜所需要时间为

$$t = \frac{0.1}{2.34 \times 10^{-9}} = 4.3 \times 10^6 \ (\text{s})$$

目前，大部分原子剥蚀率数据来源于航天飞机、LDEF（Long Duration Exposure Facility）卫星和地面试验。此外在太阳紫外辐照作用下，航天器表面的原子氧效应会更加明显。紫外辐照可以破坏聚合物有机材料的内部结构，使材料老化和变色而出现剥蚀现象，导致表面材料内侧也暴露在原子氧作用下，使原子氧剥蚀进一步加速剥蚀材料，最终导致表面材料脆化和脱落。

对于长期在轨的航天器或者空间站，减缓原子氧效应的方法主要是选用低反应率的材料或者在表面增加保护性涂层。由于航天器的表面材料选择往往具有特定的机械或电学性能要求，可选择的更换材料范围较窄，所以广泛采用的方法是增加涂层。例如 SiO$_2$ 和金漆等由于对原子氧的反应率极低，常作为喷涂材料。喷涂工艺的均匀性十分重要，部分喷涂缺失区域仍然会与原子氧发生反应导致材料侧面剥蚀。

原子氧除造成侵蚀效应外，航天器部分表面存在原子、NO 分子与原子氧相互作用还会引起可见光辐射，干扰光学相机等设备的测量，该现象被称为航天器辉光，如图 3.20 所示。

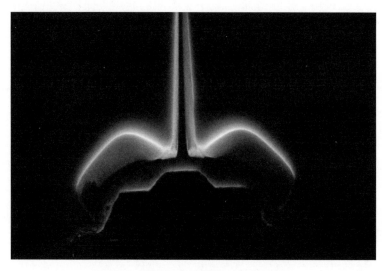

图 3.20　航天飞机尾部辉光（见彩插）

目前，航天器的辉光现象主要在 800 km 以下观测到，已观测的波长在 4 278 Å ~ 7 320 Å。航天器辉光虽然是一种现象，但目前观测到多种辉光现象。多数辉光在撞击方向强度较大，辉光强度随着高度增加而减少，标高大约为 35 km，与温度 600 K 原子氧的标高一致。

目前，卫星辉光与航天飞机辉光并未确认出明显的差别机制，通常认为卫星辉光更偏红色，其活动尺度在 1 ~ 10 m 之间，O – H 键被认为可能是其成因之一。相比之下，航天飞机辉光光谱更为连续，峰值强度在 6 800 Å 附近，其活动尺度在 6 ~ 20 cm 之间，辉光的明亮程度与材料种类相关，Zn_3O_2 等材料辉光更为明亮些。

根据辐射波长，航天飞机辉光可以分为可见光、远紫外和红外 3 个波段。目前，有理论认为航天飞机的可见光是由航天飞机附近激发态 NO_2 所释放的，其过程为

$$O + NO \rightarrow NO_2^*$$

$$NO_2^* \rightarrow NO_2 + h\nu$$

空间中 NO 的来源可能来源于 O_2 与 N_2 之间的反应。

$$O_2 + N_2 \rightarrow NO + O$$

航天飞机辉光中远紫外部分可能是由于 N_2 分子退激发，而红外部分可能是由于 H_2O 退激发。H_2O 退激发的波长在 2.5 ~ 14 μm 之间。航天飞机辉光除光化学反应外，航天飞机尾部的推进器点火也可以造成高强度辉光，强度最大可以达到 10^6

Rayleighs。通常认为是由于推进器燃烧形成 H_2O 退激发，典型波长在 6 275 ~ 6 307 Å 之间。

3.5　习　　题

1. 简述行星大气的产生与消失途径。

2. 地球大气从低至高是如何分层的？分层形成原因是什么？

3. 试计算地球上 O_2 和 N_2 的大气标高。请问在高度为多少千米时它们分子数密度一样？

4. 简述中高层大气的组成，以及它们的密度分布与变化规律。

5. 地球大气风场分布有哪些特征？它受到哪些因素影响？

6. 简述大气密度、温度和风速的主要探测方法。

7. 采用 NASA 的 MSISE 模型结合阻力公式计算物体运动速度为 8 km/s 时，100 ~ 500 km 大气阻力变化。

8. 计算 300 km 卫星的轨道寿命。

9. 简述原子氧对航天器的作用过程。对比计算 400 km 轨道高度，厚度 1 mm 环氧树脂与人工纤维在舱外的使用寿命。

10. 简述航天器辉光的形成机制，辉光对航天器有哪些影响？

第4章

地球磁场与引力场

地球磁场与我们生活密切相关，在导航修正、矿产普查、地质构造研究等方面均有重要应用，而且对空间飞行的航天器，地磁场效应也是不可忽略的重要环境因素。本章首先描述了地球磁场的基本特征，然后拓展至行星磁场和行星磁场发电机理论，最后简单介绍了磁场对带电粒子的影响。

相比地磁场，引力场对航天器的飞行影响更为明显，各种引力摄动现象可以引起航天器轨道变化，而且空间中微重力现象也是重要的环境现象之一，本章将予以简单地阐述。

4.1 地球磁场的基本特征

4.1.1 地球磁场的组成与形貌

早在战国时期（公元前 475 年—公元前 221 年），人们就学会了应用地球磁场来制作指南针。地球周围的磁场，从宏观上看与位于球心的偶极子场相似。磁偶极子轴与地球自转轴之间存在约 11.5° 的偏移，如图 4.1 所示。目前地理北极对应磁场 S 极，而地理南极对应磁场 N 极。在大约 1980 年的测量中发现，磁南极位于北纬 78.12°、西经 102.54° 的加拿大北部附近区域，而磁北极位于南纬 65.36°，东经 139.24° 的南极洲区域。长期观测证实，地磁极围绕地理极附近进行缓慢的迁移，每年改变的位置约 15 km。

对于地球上观测点而言，地球磁场是各种不同成分磁场组成的，它主要来源包括固体地球的稳定磁场和地球空间电流体系所形成的变化磁场。固体地球的稳定磁

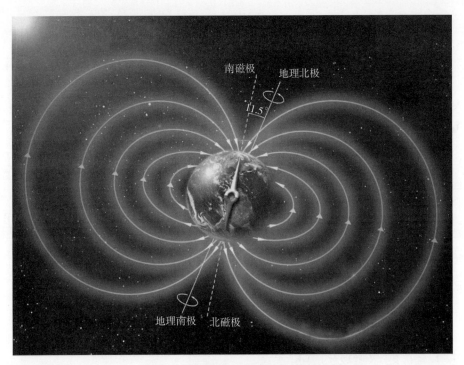

图 4.1　磁偶极子轴与地球自转轴

场包括内源场和外源场，其中内源场为主体，约占稳定磁场的 99%，外源场包括大陆磁场和矿脉等导致的异常磁场，约占稳定磁场的 1%。

变化磁场仅占地球总磁场的 1%~2%，来源主要有两方面：一方面是地球内部形成的长期变化，另一方面是空间电流所形成的短周期动态磁场。地球磁场长期变化的表现包括地磁西漂与偶极子磁矩减弱。地磁西漂是指地磁磁场等值线的西向漂移，每年以经度约 0.18° 西移，磁场强度数值变化周期为 60 年。地心偶极子磁矩的衰减速率每年约 0.05%，意味着总磁场强度的缓慢减弱。从百万年尺度上看，当地球磁场减弱至极小值时，地球内部形成的偶极子场也会发生翻转，这一现象在历史上发生过多次，称为"地磁倒转"（如图 4.2 所示）。

目前人们认为地球主磁场产生于外地核的液态铁。电流在液态铁中流动，形成自激发的发电过程，由此产生地球磁场类似偶极子磁场，类似的磁场产生过程也存在其他强磁场的行星。关于地球磁场如何形成、变化和倒转一直是地球物理的重大研究问题，目前人们仍没有十分明确其具体机制。

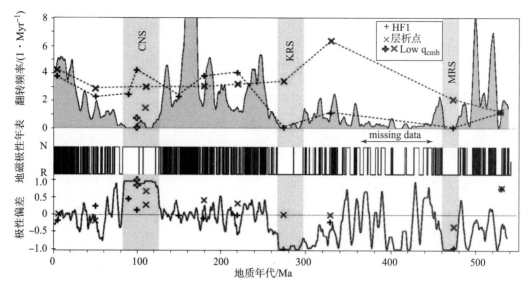

图 4.2　地磁倒转现象记录

4.1.2　地球磁场的解析表达

由于地球磁场与偶极子场十分接近，我们可以采用磁偶极子来对地球磁场进行描述。假设地球为球形，偶极磁场均可以用球坐标和笛卡尔坐标表示，如图 4.3 所示。

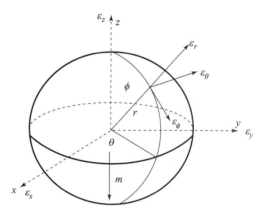

图 4.3　球坐标与笛卡儿坐标

$$B = B_r \varepsilon_r + B_\phi \varepsilon_f + B_\theta \varepsilon_\theta$$
$$= B_x \varepsilon_x + B_y \varepsilon_y + B_z \varepsilon_z \quad (4.1)$$

若磁偶极子磁矩为 m，位于图 4.3 中心，其磁矩方向沿 z 轴，我们可以求得距离偶极子中心为 r 点处的磁势 F 为

$$F = \frac{\mu_0 m}{4\pi r^2}\cos\theta \qquad (4.2)$$

式中，θ 为磁矩方向与 r 方向的夹角，μ_0 为真空磁导率。

如果理想状态下磁偶极子轴与地理轴重合，结合式（4.3）可以求得磁势与磁纬度 φ 之间的关系为

$$F = \frac{\mu_0 m}{4\pi r^2}\sin\varphi \qquad (4.3)$$

在球坐标下，地球磁场各分量大小可以表示为

$$B_r = -\frac{m}{r^3}2\cos\theta \tag{4.4}$$

$$B_\theta = -\frac{m}{r^3}\sin\theta \tag{4.5}$$

$$B_\varphi = 0 \tag{4.6}$$

式（4.6）表征了轴对称的情形，相应的磁力线方程为

$$\frac{\mathrm{d}r}{B_r} = \frac{r\mathrm{d}\theta}{B_\theta} \tag{4.7}$$

由式（4.4）～式（4.7）可以求出磁力线表达式为

$$r = r_0 \sin^2\theta \tag{4.8}$$

式中，r_0 为磁力线穿越磁赤道点到地心的距离。

在 r_0 基础上，我们可以定义无量纲量 L 为

$$L = r_0/R_E \tag{4.9}$$

式中，L 就是 Macllwain "L" 参数，其值表征了磁力线穿越赤道点到地心距离为地球半径的倍数。

在轴对称情况下，所有的磁力线都可以简化到一个平面上，由此给出任意磁力线都有对应的 L 值，同时在给定磁赤道面上的磁场强度 B_E 和 L 值。根据偶极子场分布，可以求得磁力线上任意一点（除极点）的磁场强度 B 为

$$B = \frac{B_E}{L^3}\frac{\sqrt{4-3\sin^2\theta}}{\sin^6\theta} = \frac{B_E}{L^3}\frac{\sqrt{4-3\cos^2\phi}}{\cos^6\phi} \tag{4.10}$$

式中，ϕ 为纬度值。

粒子在磁力线中运动与 B 值相关，同时磁力线形成了空间坐标的闭环，即由 (B,L) 值结合经度可以定义空间中位置。我们通常把 (B,L) 值所定义的体系称为 $B-L$ 坐标系。

由式（4.3）结合磁势与磁通量密度变换公式，我们可以求得直角坐标下地磁场的各分量大小如下。

$$T = -\nabla F \tag{4.11}$$

$$X = -\frac{\partial u}{\partial x} \tag{4.12}$$

$$Y = -\frac{\partial u}{\partial y} \tag{4.13}$$

$$Z = -\frac{\partial u}{\partial z} \tag{4.14}$$

$$H = X + Y \tag{4.15}$$

$$D = \arctan\left(\frac{X}{H}\right) \tag{4.16}$$

$$I = \arctan\left(\frac{Z}{H}\right) \tag{4.17}$$

式中，T 为总磁场强度矢量；u 为磁场单位向量；X 为磁场北向分量；Y 为磁场东向分量；Z 为磁场垂直向地心分量；H 为水平分量；D 为磁偏角；I 为磁倾角（如图 4.4 所示）。

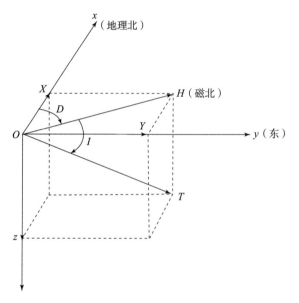

图 4.4　磁场各分量关系

结合式（4.3）及式（4.12）～式（4.17），可以求得各个分量的表达式为

$$\begin{cases} B_r = -\dfrac{2B_0}{(r/r_e)^3}\cos\phi \\[2mm] B_\phi = -\dfrac{2B_0}{(r/r_e)^3}\sin\phi \\[2mm] B_\theta = 0 \end{cases} \tag{4.18}$$

$$\begin{cases} B_x = -\dfrac{3xzr_e^3B_0}{r^5} \\[3mm] B_y = -\dfrac{3yzr_e^3B_0}{r^5} \\[3mm] B_z = -\dfrac{(3z^2-r^2)r_e^3B_0}{r^5} \end{cases} \tag{4.19}$$

式中，B_0 为赤道磁通量密度；r_e 为地球半径。

采用磁矩 M 表达为

$$B_0 = \frac{\mu_0 M}{4\pi r_e^3} \tag{4.20}$$

理想状态下磁场各分量随高度和磁倾角均有所变化，可对磁场强弱与方向进行初步判断。在实际情况中，由于地磁轴与地理轴有所偏差，此外受大陆磁场与空间磁场等的影响，磁场分布变化十分复杂，通过多个台站和卫星观测，可以画出海平面全球的磁场分布如图 4.5 所示。

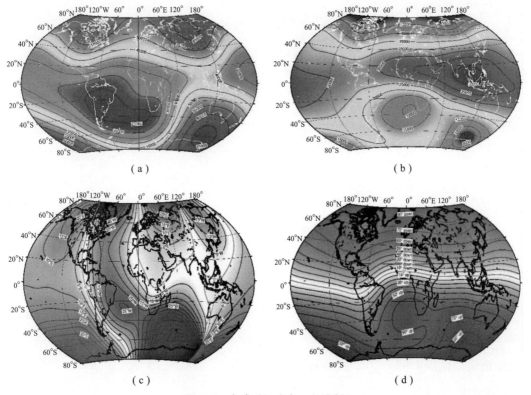

图 4.5　全球磁场分布（见彩插）

（a）磁场总强度分布；（b）磁场 H 分量强度分布；（c）磁偏角 D 分量强度分布；（d）磁倾角 I 分量强度分布

如图 4.5 所示，全球磁场虽然总体呈偶极子分布，但仍然存在许多不规则和不对称的区域。为了更准确描述地球磁场分布，可以引入球谐函数结合球坐标来表示磁势 F 为

$$F(r,\theta,\varphi,t) = F_{in}(r,\theta,\varphi,t) + F_{out}(r,\theta,\varphi,t) \tag{4.21}$$

$$F_{in}(r,\theta,\varphi,t) = r_e \sum_{n=1}^{\infty} \sum_{m=0}^{n} \left(\frac{r_e}{r}\right)^{n+1} \left[g_n^m(t)\cos(m\theta) + h_n^m(t)\sin(m\theta) \right] P_n^m(\cos\varphi) \tag{4.22}$$

$$F_{out}(r,\theta,\varphi,t) = r_e \sum_{n=1}^{\infty} \sum_{m=0}^{n} \left(\frac{r_e}{r}\right)^{n+1} \left[\bar{g}_n^m(t)\cos(m\theta) + \bar{h}_n^m(t)\sin(m\theta) \right] P_n^m(\cos\varphi) \tag{4.23}$$

式中，(r,θ,φ) 为球坐标分量；t 为时间；$F_{in}(r,\theta,\varphi,t)$ 为内源场磁势；$F_{out}(r,\theta,\varphi,t)$ 为外源场磁势；$g_n^m(t)$、$h_n^m(t)$ 为内源场系数；$\bar{g}_n^m(t)$、$\bar{h}_n^m(t)$ 为外源场系数；$P_n^m(\cos\varphi)$ 为斯密特部分归一化勒让德函数。

其表达式为

当 $m = 0$ 时，$P_n(x) = \dfrac{1}{2^n n!}\left[\dfrac{d^n}{dx^n}(x^2 - 1)^n \right]$. \tag{4.24}

当 $m > 0$ 时，$P_n^m(x) = \left[\dfrac{2(n-m)!}{(n+m)!} \right]^{1/2} \left[(1 - x^2)^{m/2} \dfrac{d^m}{dx^m} P_n(x) \right]$. \tag{4.25}

通过获取内源场和外源场系数，得到磁势 $F(r,\theta,\varphi,t)$ 后我们就可以求得空间中任意一点的磁通量密度及其分量为

$$B(r,\theta,\varphi,t) = -\nabla F(r,\theta,\varphi,t) \tag{4.26}$$

$$B_r(t) = -\frac{\partial F(r,\theta,\varphi,t)}{\partial r} \tag{4.27}$$

$$B_\varphi(t) = -\frac{1}{r}\frac{\partial F(r,\theta,\varphi,t)}{\partial \varphi} \tag{4.28}$$

$$B_\theta(t) = -\frac{1}{r\sin\varphi}\frac{\partial F(r,\theta,\varphi,t)}{\partial \theta} \tag{4.29}$$

对于球谐函数所表征的地球磁场，国际地磁与高空物理协会定期发布国际地磁参考模型（International Geomagnetic Reference Field，IGRF），目前已更新到第 13 版。该模型提供 1945—2025 年地球内源场分布，系数截至 13 阶，即 $n = m = 13$，历年前 3 阶内源场系数如表 4.1 所示。

表 4.1 地球内源场各阶系数

g、h	n	m	1990	1995	2000	2005	2010	2015	2020
g	1	0	− 29 775	− 29 692	− 29 619.4	− 29 554.63	− 29 496.57	− 29 441.46	− 29 404.8
g	1	1	− 1 848	− 1 784	− 1 728.2	− 1 669.05	− 1 586.42	− 1 501.77	− 1 450.9
h	1	1	5 406	5 306	5 186.1	5 077.99	4 944.26	4 795.99	4 652.5
g	2	0	− 2 131	− 2 200	− 2 267.7	− 2 337.24	− 2 396.06	− 2 445.88	− 2 499.6
g	2	1	3 059	3 070	3 068.4	3 047.69	3 026.34	3 012.2	2 982
h	2	1	− 2 279	− 2 366	− 2 481.6	− 2 594.5	− 2 708.54	− 2 845.41	− 2 991.6
g	2	2	1 686	1 681	1 670.9	1 657.76	1 668.17	1 676.35	1 677
h	2	2	− 373	− 413	− 458	− 515.43	− 575.73	− 642.17	− 734.6
g	3	0	1 314	1 335	1 339.6	1 336.3	1 339.85	1 350.33	1 363.2
g	3	1	− 2 239	− 2 267	− 2 288	− 2 305.83	− 2 326.54	− 2 352.26	− 2 381.2
h	3	1	− 284	− 262	− 227.6	− 198.86	− 160.4	− 115.29	− 82.1
g	3	2	1 248	1 249	1 252.1	1 246.39	1 232.1	1 225.85	1 236.2
h	3	2	293	302	293.4	269.72	251.75	245.04	241.9
g	3	3	802	759	714.5	672.51	633.73	581.69	525.7
h	3	3	− 352	− 427	− 491.1	− 524.72	− 537.03	− 538.7	− 543.4

一般在低纬度时可以只考虑内源场，中纬度时采用低阶近似即可（通常取 3 阶以内），而在高纬度时，还必须考虑外源场，此时可以采用更高的阶数。

以上地球磁场模型为标准模型，在实际应用中，地球磁场由于局部的地下矿产影响，例如铁矿等，会出现偏差，即地磁异常。通常地磁异常仅限小范围区域，对于大部分区域磁场与标准模型差异不大。根据地球磁场分布，我们可以确定各点的位置用于导航，该方法也称为地磁导航。

4.2 行星磁场的基本特征

4.2.1 行星磁场的形成

除了金星以外，太阳系内所有的行星都拥有磁场或者曾经内部有产生磁场。人们观测到太阳系以外一些行星和恒星存在磁场的迹象。一些卫星也有磁场存在，例如月球在过去存在磁场，而木卫三（Ganymede）此时就有自体产生的磁场。我们一般把描述行星与恒星磁场产生和维持过程的理论称为发电机理论。

行星磁场产生于内部液核的发电机过程，但并不是所有拥有液态内核的行星可以产生磁场。例如金星和木卫一（Io）存在完全或部分液态内核，但它们却没产生明显的磁场。火星和月球的内核也曾经存在液态形式，随着内核的冷却，发电机过程已逐渐停止。

行星磁场揭示了行星内部的结构和热力学过程，它与引力场一起为了解行星内部特征提供了重要的窗口。在岩石上所留存的古磁场也提供了行星演化过程的历史信息。因此，行星磁场的研究吸引了人们大量的关注，包括行星磁场的发电机理论、磁场过去和现在的特征、磁场的应用等，本节我们主要集中介绍行星磁场的特征。

行星质量、半径、密度及转动惯量，体现了行星组成与内部结构特征。太阳系行星根据其物理组成可以分为类地行星、气态巨行星、冰态巨行星 3 类，它们所呈现的磁场具有完全不同的结构和强度。图 4.6 所示为太阳系行星磁场偏转角特征。

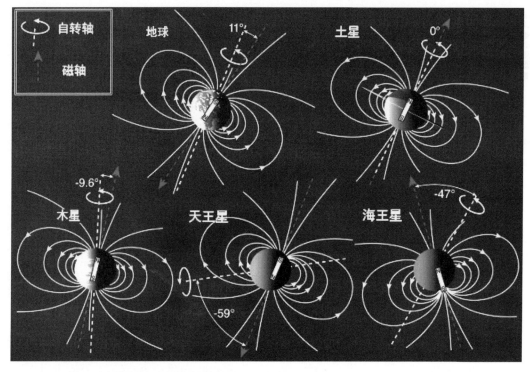

图 4.6　太阳系行星磁场偏转角特征（来源于 University of Corolado Boulder）

　　许多行星都具有不同的分层结构，例如类地行星的外部岩石圈、硅酸盐地幔、铁化合物地核。气态巨行星的外部具有氢气和氦气层，中部为液态金属氢或氦层，内部可能为岩石核。天王星和海王星等冰态巨行星的外部具有氢、氦气体分子和冰质，中部为离子态水、甲烷、氨等组成的液态海洋，内部可能为岩石核。行星磁场通常被认为来源于行星内液态导电流体的发电机过程。太阳系行星和卫星呈现了多样化结构的组成和大小，这为研究行星磁场发电机过程提供了丰富信息。

　　行星内液态区域由于热化学的对流过程十分不稳定，导电流体的对流过程产生电流和磁场，因此发电机过程是动能转为磁场能量的过程。虽然对流过程被认为是发电机过程的主要驱动，振荡、进动和引力潮汐也被认为是可能的驱动因素。行星磁场的描述可以采用球谐函数表示的磁势，其过程类似地球磁场模型。

4.2.2　行星磁场发电机理论

　　磁场发电机理论的基本方程包括感应方程、质量守恒方程、动量守恒方程、能量守恒方程和状态方程等。上述方程组中，通常未知量为磁场强度 B 、流体速度 u 、压强 p 、密度 ρ 和温度 T 。根据质量守恒、动量守恒和能量守恒有

$$\frac{\partial \rho}{\partial t} + \nabla \cdot (\rho u) = 0 \qquad (4.30)$$

$$\rho \frac{\mathrm{d}u}{\mathrm{d}t} + 2\rho \Omega \times u = -\nabla p - \rho \Omega \times (\Omega \times r) + \frac{1}{\mu_0}(\nabla \times B) \times B + \rho g$$

$$+ \frac{1}{3}\rho v \nabla(\nabla \cdot u) + \rho v \nabla^2 u \qquad (4.31)$$

$$\frac{\mathrm{d}T}{\mathrm{d}t} - \frac{\alpha T}{\rho C_p}\frac{\mathrm{d}p}{\mathrm{d}t} = \frac{\Phi + \nabla \cdot (\kappa \nabla T)}{\rho C_p} \qquad (4.32)$$

式中，Ω 为行星自转角速度；r 为位置矢量；g 为重力加速度；v 为动力学黏滞系数；α 为热膨胀系数；C_p 为恒压下热容量；κ 为热导率；Φ 为包含欧姆热和黏滞热的耗能系数。

　　式（4.31）从左至右各项分别表示为惯性力、科里奥利力、压力梯度、离心力、洛伦兹力、浮力，以及两项黏滞力，其中黏滞系数假设为标量。式（4.32）中左边第二项代表绝热压缩或膨胀导致的温度变化。

　　式（4.30）~式（4.32）定义了行星内的基本运动状态，为确定其与磁场的关系，还必须引入感应方程，通常写为

$$\frac{\partial B}{\partial t} = \nabla \times (u \times B) - \nabla \times \left(\frac{1}{\mu_0 \sigma} \nabla \times B \right) \tag{4.33}$$

式中，μ_0 为真空磁导率；σ 为电导率，通常也把 $\eta = \dfrac{1}{\mu_0 \sigma}$ 称为扩散率。

在计算过程中，假设介质各参数为常数，式（4.30）~式（4.32）通常可以采用布辛涅斯克（Boussinesq）近似，即除了式（4.31）中浮力项外，密度被假设为常量。

式（4.31）中密度采用扰动项表示为 $\rho = \rho_0 + \rho' = \rho_0(1 - \alpha T')$，此时浮力表示为 $\rho g = \rho_0 g - \rho_0 \alpha T' g$，分别可以简化为

$$\frac{\partial B}{\partial t} = \nabla \times (u \times B) + \eta_0 \nabla^2 B \tag{4.34}$$

$$\nabla \cdot u = 0 \tag{4.35}$$

$$\frac{\mathrm{d}u}{\mathrm{d}t} + 2\Omega \times u = -\nabla \Pi + \frac{1}{\mu_0 \rho_0} (\nabla \times B) \times B - \alpha_0 T' g + v_0 \nabla^2 u \tag{4.36}$$

$$\frac{\mathrm{d}T}{\mathrm{d}t} = \kappa \nabla^2 T \tag{4.37}$$

式中，Π 代表相比静压力的有效流体压力，与流体速度相关。

Boussinesq 近似要求密度扰动量相比初始值较小，温度导致的密度变化与 $\alpha T'$ 值直接相关，而压力导致的密度变化可忽略，要求流体流动速度比声速小，其对流区范围要比密度标高小。密度标高是恒量行星内密度变化参量，采用 $N = \ln(\rho_{\mathrm{bot}}/\rho_{\mathrm{up}})$ 表示。

Boussinesq 近似对于类地行星的内核是合理的，以地球为例，流体层的密度变化约 23%，大约是密度标高的 0.2 倍。地球的分层明显，其他类地行星和卫星也是具有类似的分层结构。但对于巨行星而言，根据目前已有的模型，其密度变化十分剧烈，因此 Boussinesq 近似不一定适用。

对于磁流体的发电机过程，一些常数可以较好地体现出系统的动力学和几何特征。表 4.2 为常见的无量纲常数，方程中各项的影响可以通过假设特征量，然后根据它们的比例常数进行分析。例如表 4.2 中 Ekman 常数 E 代表黏滞力与科氏力的比值，即 $E = \nu \nabla^2 u / (2\Omega \times u)$。Rayleigh 常数 Ra 代表浮力与扩散的比值。Prantl 常数 Pr 代表热扩散与磁扩散的比值。Rossby 常数 Ro 代表惯性力与磁扩散力的比值。Reynolds 常数 Re 代表惯性力与黏滞力的比值。Magnetic Reynolds 常数 Rm 代表磁感应与磁扩散的比值。Elsasser 常数 Λ 代表洛仑兹力与科氏力的比值。

表 4.2　常见磁流体发电机理论常数

常数	定义
Ekman	$E = \nu/\Omega D^2$
Rayleigh	$Ra = \alpha g_0 \Delta T D^3/\nu\kappa$
Prantl	$Pr = \nu/\kappa$
Magnetic Prantl	$Pm = \nu/\eta$
Rossby	$Ro = U/\Omega D$
Reynolds	$Re = UD/\nu$
Magnetic Renolds	$Rm = UD/\eta$
Elsasser	$\Lambda = B^2/\rho\mu_0\eta\Omega$

表 4.2 中，D 为特征长度；U 为特征速度；B 为特征磁场强度。不同行星的特征常数值有明显差别，如表 4.3 所示。需注意的是，这些均为计算假设值，其准确值评估受到观测条件限制，通常在较大范围内变化。

表 4.3　不同行星的特征常数值

行星	E	Pr	Pm	Rm	Ro	Re	Λ
水星	10^{-12}	0.1	10^{-6}	10^2	10^{-4}	10^8	10^{-5}
地球	10^{-15}	0.1	10^{-6}	10^2	10^{-7}	10^8	0.1
木星	10^{-19}	0.1	10^{-7}	10^2	10^{-10}	10^9	1
木卫三	10^{-13}	0.1	10^{-6}	10^2	10^{-5}	10^8	10^{-3}
土星	10^{-18}	0.1	10^{-7}	10^2	10^{-9}	10^9	0.01
天王星	10^{-16}	10	10^{-8}	10^2	10^{-6}	10^{10}	10^{-4}
海王星	10^{-16}	10	10^{-8}	10^2	10^{-6}	10^{10}	10^{-4}

影响行星磁场的一个重要因素为磁场屏蔽作用。太阳风等空间带电粒子在入射到行星附近时，会被行星磁场偏转，以地球为例，低能的宇宙线受到地球磁场影响，很难到达地表附近区域。磁场对带电粒子的作用可以采用洛伦兹力来表示为

$$F = qv \times B \tag{4.38}$$

式中，F 为洛伦兹力；v 为粒子运动速度；B 为磁场通量密度。

在磁场作用下，带电粒子呈现出回旋、漂移、反射等多种运动形态，这在等离子体物理中有详细的描述。由于地磁场对带电粒子的约束作用，出现了以下两种现象。

（1）辐射带的形成

在地球磁场上空，磁场捕获空间带电粒子形成了强辐射区域，被称为辐射带。辐射带中粒子主要来源于太阳风，以及银河宇宙线与大气相互作用所产生次级粒子。辐射带的存在使卫星面临较强的辐射风险，这些效应包括总剂量、单粒子、表面充电、深层充电及位移损伤等。当卫星的防护不充分时，往往会导致器件提前失效或异常及干扰。

（2）宇宙线屏蔽

地磁场除形成辐射带外，还保护地面生命避免受到来自宇宙的高能粒子辐射。磁场对高能带电粒子的屏蔽效果通常采用磁刚度表示，它表征了带电粒子穿越磁场的能力，具体定义如下。

$$R = \frac{pc}{|q|} \tag{4.39}$$

式中，R 为磁刚度，磁刚度的单位为 V；p 为带电粒子动量；c 为光速；q 为带电粒子电量。

带电粒子动量 p 可以采用其能量 E 来表示，即

$$p = \frac{(E^2 - E_0^2)^{1/2}}{c} \tag{4.40}$$

式中，E_0 为静止能量，质子 E_0 为 938.26 MeV，电子 E_0 为 0.511 MeV，中子 E_0 为 939.6 MeV。

具有较小磁刚度的粒子容易受到行星磁场作用而偏转，使粒子入射深度较小。需注意的是，带电粒子在入射到磁场后每个方向的磁刚度不同。沿天顶入射的粒子，到达指定位置所需的最小磁刚度称为磁截止刚度，只有大于磁截止刚度的粒子才可以到达。磁截止刚度与磁纬度相关，以地球为例，在磁赤道附近的到达地面磁截止刚度为 14.9 GV，而在磁纬 60°区域降低为 0.928 GV，在磁极附近区域由于磁场方向与地面垂直，磁截止刚度为 0。

4.3　地球引力模型

4.3.1　引力势

引力是物质的基本作用力之一，根据万有引力定律，两个质量分别为 m_1 和 m_2 的物体之间的引力大小为

$$F = G \frac{m_1 m_2}{r^2} \tag{4.41}$$

式中，G 为万有引力常数（$6.672\,59 \times 10^{-11}\ \mathrm{N \cdot m^2/kg^2}$）；$r$ 为两个物体间的距离。

对于地球而言，其表面物体受到的引力可以用重力加速度表示，如果地球质量为 m_e，半径为 r_e，质量为 m_2 的物体在地球表面附近重力加速度及物体受到的重力为

$$g = \frac{F}{m_2} = G \frac{m_e}{r_e^2} r \tag{4.42}$$

$$F = m_1 g \tag{4.43}$$

式中，r 为单位矢量，方向由地表沿径向朝向地心。

代入地球的质量和半径参数，可以得到地球表面附近的重力加速度为 $9.82\ \mathrm{m/s^2}$。物体下落过程中，重力所做的功可以表示为

$$W = \int F \cdot \mathrm{d}r \tag{4.44}$$

在闭合路径上，重力所做的功为零，即

$$W = \oint F \cdot \mathrm{d}r = 0 \tag{4.45}$$

根据旋度公式，式（4.45）也可以表示为

$$W = \iint (\nabla \times F) \cdot \mathrm{d}s = 0 \tag{4.46}$$

由此可以得到

$$\nabla \times F = 0 \tag{4.47}$$

因此引力也可以用引力势 U 表示，即

$$F = -\nabla U \tag{4.48}$$

对式（4.48）沿路径积分，我们可以得到引力势 U 的表达式为

$$U = -\int F \cdot \mathrm{d}r \tag{4.49}$$

由此代入式（4.48）可以得到引力势 U 为

$$U = -\int \left(-G\frac{m_e m}{r^2} \right)\mathrm{d}r = -G\frac{m_e m}{r} \tag{4.50}$$

m 为所分析对象的质量，考虑到通用性，我们将引力势 U 除以质量 m，则单位质量的引力势为

$$V = -G\frac{m_e}{r} \tag{4.51}$$

因此当我们知道了引力势 V，则可以由式（4.51）得到其引力大小。在实际情况中，地球的表面并不是完美的球形，而是由山脉、平原和海洋等形貌组成，为了更加准确地计算不同位置的引力大小，我们可以采用表面球谐函数来表示引力势为

$$V = -\frac{Gm_e}{r_e}\sum_{n=0}^{\infty}\sum_{m=0}^{n}\left(\frac{r_e}{r}\right)^{n+1}Y_{n,m}(\varphi,\lambda) \tag{4.52}$$

式中，$Y_{n,m}(\varphi,\lambda)$ 为 n 维 m 阶的表面球谐函数；φ 为球面的纬度；λ 为球面的精度。

表面球谐函数可以采用归一化的勒让德函数 $P_{n,m}(\sin\varphi)$ 计算为

$$Y_{n,m}(\varphi,\lambda) = \left[\bar{C}_{n,m}\cos m\lambda + \bar{S}_{n,m}\sin m\lambda\right]\bar{P}_{n,m}(\sin\varphi) \tag{4.53}$$

式中，$\bar{C}_{n,m}$ 和 $\bar{S}_{n,m}$ 为归一化引力系数，也称为斯托克斯系数。

在确定不同维度和阶数的 $\bar{C}_{n,m}$ 和 $\bar{S}_{n,m}$ 后，我们就可以求得引力势 V 的表达式，最终得到其引力大小。

在几种地球重力模型中，最常用的为 WGS 84 模型（World Geodedic System 1984）。WGS 84 模型定义的参考坐标系与国际地表参考坐标系（International Terrestrial Reference System，ITRS）基本一致，选取地球半径 r_e 为 6 378 137.0 m。根据 WGS 84 模型计算可以得到在赤道附近地球的重力加速度为 9.780 326 771 4 m/s^2。

4.3.2　微重力

微重力是指物体所体现的重力作用要小于其实际受到的重力情况，例如自由落体的物体和在空间轨道上的航天器。当航天器达到第一宇宙速度时，其离心力与重力作用相当，出现失重状态。由于卫星的轨道通常为椭圆形，不可能完全失重，其重力作用效果不可能完全为 0。在空间轨道上，微重力水平可以达到 $10^{-3}g$ ~

$10^{-6}g$，g 为地表的重力加速度。

　　航天器在运行过程中通常还会受到除地球引力以外的非引力因素影响，例如太阳光压、大气阻力等，使航天器运动出现额外的扰动。此外由于物体之间的引力作用及自身旋转等，航天器会表观出"重力"现象，这些现象会干扰航天器的微重力水平，使其完全失重或出现"零重力"情况。

　　在地面模拟微重力现象是进行空间中使用的材料加工与合成的先期工作，对于评估航天器各组件的受力情况也十分重要。在地面模拟微重力情况，可以了解材料在空间受微重力作用下的各种性质，找出可靠的材料加工方法，确保空间飞行装置的可靠性。目前，常见的微重力模拟方法包括落管、落塔、高空气球、失重飞机、火箭及浮力池等。

　　落管（如图 4.7 所示）是一种在真空管内通过自由落体来获得微重力的装置，其真空水平可以达到 10^{-4} Pa，微重力水平在 $10^{-3}g \sim 10^{-6}g$，微重力时间最长约 4.5 s。在美国马歇尔飞行中心，建有长 100 m 的落管。落塔基本原理与落管相似，但落塔的运行路径为空气，仅样品箱内抽取真空，它的微重力时间要比落管长，可以达到 $5 \sim 10$ s，微重力水平小于 $10^{-5}g$。

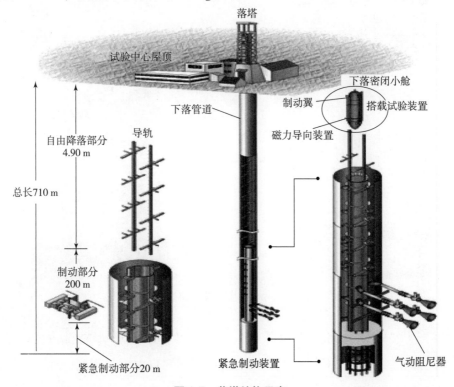

图 4.7　落塔结构示意

高空气球获取微重力的方法与火箭类似，都是将待试验样品由气球或火箭上升到高空中再自由下落。高空气球的微重力试验时间通常在 15～20 s，微重力水平由于受到气流影响较低，大约为 $10^{-3}g$。相比高空气球，火箭的飞行高度明显增加，因此其微重力时间可以上升到 5～10 min。在中高层大气密度下降，因此火箭微重力水平相比高空气球也有所增加，大约为 $10^{-4}g$。由于火箭可以实现较长时间的微重力水平，因此常被用于材料合成等各项试验。

在空中实现微重力水平的方式除了高空气球和火箭外，还包括失重飞机。以美国的 KC - 135A 飞机为例，每次俯冲可以产生几十秒的失重状态，一个飞行架次可以实现多达 40 次爬升和俯冲，因此微重力累积时间可以达到十几分钟，其微重力水平在 $10^{-2}g\sim10^{3}g$。

为了对航天员进行在微重力状态下的出舱和操作训练，中性浮力装置应运而生。中性浮力装置（如图 4.8 所示）将实验对象浸泡在液体池中，可以精确地调整漂浮器的浮力和配重器的重力大小，使得浮力与重力抵消，可以实现六自由度运动的漂浮状态，而且试验时间可以根据需要随时延长。

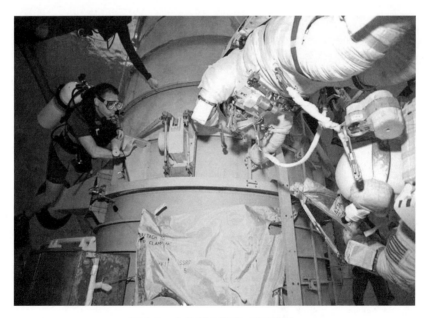

图 4.8　中性浮力装置（见彩插）

中性浮力装置的主要优点除了模拟微重力时间不受限制，试验池内可以采用与原型尺寸一致的飞行器结构外，其自由度可以达到六自由度与空间一样。不过中性浮力装置也存在缺点，主要问题是在水中运动的物体受阻力影响，而阻力是速度的函数，同样的力作用到物体上，在空间和在水中速度和加速度的响应不同，产生的运动轨迹也不同，导致航天员在有阻尼的水中比没有阻尼的空间做功更易疲劳。

4.4　习　　题

1. 简述地球磁场的组成。地球磁场受哪些影响因素？

2. 地球磁场的短期变化和长期变化是由什么原因引起的？它们的变化特征是什么？

3. 若地表磁场强度为 50 000 nT，则减少一个量级的高度是多少？

4. 地球磁场包含哪些分量？它们之间的关系是什么？

5. 太阳系内哪些行星具有较强磁场？它们的磁场具有哪些特征？

6. 试用麦克斯韦方程组推导磁场发电机理论中的感应方程。

7. Boussinesq 近似的条件是什么？它代表什么物理含义？

8. 磁刚度代表了什么物理含义？试计算并比较能量 1GeV 电子和质子的磁刚度。

9. 地球表面引力差异形成的原因是什么？

10. 通过调研阐述微重力的主要实现途径及优缺点。

第 5 章

等离子体环境

等离子体环境是太空中最常见的环境因素之一，地球各轨道卫星都处于等离子体的包围之中，特别是 GEO 轨道。等离子体诱发的表面充放电效应，是卫星太阳电池设计过程中必须考虑的重要环节。本章首先引入了等离子体的基本概念，其次对地球附近等离子体环境进行初步介绍，最后对等离子体引起的电波传播变化和表面充放电效应进行简要阐述。

5.1　等离子体物理基础

5.1.1　等离子体的定义

等离子体是由离子、电子及未电离的中性粒子集合组成，整体呈电中性的一种物质状态。它与固态、液态、气态并称为物质的 4 种状态。生活中最常见的等离子体是高温电离的气体，如电弧、火焰、霓虹灯和日光灯中的发光气体。自然界中同样也存在等离子体，如闪电、极光等。金属中的电子气团和半导体中的载流子，以及电解质溶液都可以看作是等离子体。

在地球上，以等离子体形态存在的物质远比固体、液体、气体少。而在宇宙中，等离子体是物质存在的主要形式，约占宇宙中物质总量的 99% 以上。如恒星、星际物质及行星周围的电离层等，都是等离子体。为了研究等离子体的特征和运动规律，在核聚变、天体和空间物理研究的推动下，20 世纪形成了一门新兴学科——等离子体物理学。

对于等离子体而言，其群体行为通常比粒子之间相互碰撞更为重要。等离子体受到电场和磁场的影响，自身也可以产生屏蔽作用。在真空状态下，若一个带电粒子所带电荷量为 q，该电荷所产生的电势 U、电场强度 E 和作用在单位电荷附近的力 F 分别为

$$U = \frac{q}{4\pi\varepsilon_0 r} \tag{5.1}$$

$$E = -\nabla U \tag{5.2}$$

$$F = qE \tag{5.3}$$

当该电荷 q 放入等离子体中时，若 q 为正电荷，则电荷 q 附近电子会受到电荷的吸引，正离子会受到电荷的排斥，导致在正电荷周围形成电子云，造成了屏蔽效应。考虑到等离子体中同时存在电子和离子，式（5.2）结合泊松方程可以写为

$$\nabla^2 U = \frac{e(n_e - n_i)}{\varepsilon_0} \tag{5.4}$$

式中，n_e 为电子密度；n_i 为离子密度。

如果电子和离子符合麦克斯韦分布，且等离子体整体呈电中性，则有

$$n_{e0} \approx n_{i0} \approx n_0 \tag{5.5}$$

$$n_e = n_{e0}\exp\left(-\frac{eU}{\kappa T}\right) \tag{5.6}$$

$$n_i = n_{i0}\exp\left(\frac{eU}{\kappa T}\right) \tag{5.7}$$

式中，n_{e0} 为电子总密度；n_{i0} 为离子总密度；n_0 为等离子体密度；U 为电势；κ 为玻耳兹曼常数；T 为等离子体温度。

将式（5.5）~式（5.7）代入式（5.4）可以得到

$$\nabla^2 U = \frac{en_0(\exp(-eU/\kappa T) - \exp(eU/\kappa T))}{\varepsilon_0} \tag{5.8}$$

如果将 $eU/\kappa T$ 定义为 $\varPhi$，把距离 x 约化为 $\hat{x} = x/\lambda_D$，其中德拜长度 λ_D 定义为

$$\lambda_D = \sqrt{\frac{\varepsilon_0 \kappa T}{2 n_0 e^2}} \tag{5.9}$$

则式（5.8）在一维情况下可以简化为

$$\frac{\mathrm{d}^2 \varPhi}{\mathrm{d}\hat{x}^2} = [\exp(-\varPhi) - \exp(\varPhi)] \tag{5.10}$$

若 $eU \ll \kappa T$，则式（5.10）采用一阶泰勒展开有

$$\frac{\mathrm{d}^2\Phi}{\mathrm{d}\hat{x}^2} = -2\Phi \tag{5.11}$$

式（5.11）的求解需要配合边界条件，假设左右边界条件如下：

$$\Phi = \frac{eU_0}{\kappa T} \quad x = 0 \tag{5.12}$$

$$\Phi = 0 \quad x \to \infty \tag{5.13}$$

则式（5.11）可以求解得到

$$U = U_0 \exp\left(-\frac{x}{\lambda_D}\right) \tag{5.14}$$

由式（5.14）可以看出，等离子体的存在使电势分布增加了指数下降因子。考虑球坐标分布，代入式（5.1），则此时点电荷所形成的电势可表示为

$$U = \frac{q}{4\pi\varepsilon_0 r}\exp\left(-\frac{r}{\lambda_D}\right) \tag{5.15}$$

式中，λ_D 为德拜长度。

德拜长度表征了等离子体对电场的影响，它是指相比真空情况，电势衰减至 $1/e$ 时的距离。等离子体内带电粒子的电场有效作用范围一般不会超过几个德拜长度。考虑到各种离子成分后，德拜长度的定义为

$$\lambda_D = \left[(\varepsilon_0\kappa/e^2)/(n_e/T_e) + \sum_i \frac{j_i^2 n_i}{T_i}\right]^{1/2} \tag{5.16}$$

式中，κ 为玻耳兹曼常数；n_e 为电子密度；n_i 为第 i 类离子密度值；T_e 为电子的温度；T_i 为第 i 类离子的温度；j_i 为第 i 类离子电荷量。

假设所有离子的电荷量为1，而且离子和电子的温度也相同，即 $T_e = T_i = T$，则式（5.5）可简化为

$$\lambda_D = \left(\frac{\varepsilon_0\kappa T}{2n_e e^2}\right)^{1/2} \tag{5.17}$$

即式（5.9）的定义。而在离子温度远小于电子温度的情况下，可以忽略离子的影响，此时式（5.17）可以表示为

$$\lambda_D = \left(\frac{\varepsilon_0 k T}{2n_e e^2}\right)^{1/2} \tag{5.18}$$

与德拜常数相关的另一个概念为等离子体参数 Λ，它是指以电荷 q 为中心，半径为 λ_D 的德拜球内电子总数，表示为

$$\varLambda = \frac{4\pi n_e \lambda_D^3}{3} = \frac{4\pi}{3}\left(\frac{\varepsilon_0 kT_e}{2n_e^{1/3}e^2}\right)^{3/2} \qquad (5.19)$$

当等离子体呈现出群体特性时，其直径必须比德拜长度大。典型的德拜长度值及等离子体特性如表 5.1 所示，表 5.1 中星际介质是指在银河星系内等离子体，星系际介质是指星系之间等离子体。

表 5.1 等离子体的特性参数

等离子体	电子密度/ m⁻³	电子温度/ K	德拜长度/ M	等离子体电子频率/Hz	等离子体参数，无量纲
地球 300 km 高度	5×10^{11}	1 500	0.003	6.3×10^6	4.0×10^4
地球 1 000 km 高度	8×10^{10}	5 000	0.012	2.5×10^4	6.1×10^5
地球同步轨道	10^7	10^7	49	2.8×10^4	4.9×10^{12}
地球磁层	10^7	2.3×10^7	74	2.8×10^4	1.7×10^{13}
太阳风	10^6	120 000	17	9.0×10^3	2.0×10^{10}
星际介质	10^5	7 000	13	2.8×10^3	9.0×10^8
星系际介质	1	10^7	1.5×10^5	9.0	1.5×10^{16}

除了电场屏蔽作用外，等离子体在电场作用下会发生振荡现象，特别对于电子而言，其运动速度往往大于离子，因此等离子体电子振荡频率，有时也被称为等离子体频率，通过计算可以得到其值为

$$f_{pe} = \frac{1}{2\pi}\sqrt{\frac{n_e e^2}{\varepsilon_0 m_e}} = 8.979\sqrt{n_e} \qquad (5.20)$$

式中，f_{pe} 为等离子体频率；m_e 为电子质量。

电磁波要在等离子体内传播，其频率必须大于等离子体频率 f_{pe}。小于等离子体频率的电磁波受到电子振荡影响，无法穿透等离子体，会被反射回去。基于这种现象，即电离层能够反射频率较低的电磁波，广播信号可以经电离层反射并实现远距离的传播。

5.1.2 等离子体能谱分布

在描述空间中粒子时，通常采用密度分布函数。它的基本定义为在空间中某一坐标点 (x,y,z) 上，单位体积粒子密度 $n(x,y,z)$，此时给定体积的粒子总数 N 可

以表示为

$$N = \int n(x,y,z)\,\mathrm{d}V = \int n(x,y,z)\,\mathrm{d}x\mathrm{d}y\mathrm{d}z \qquad (5.21)$$

如果再考虑粒子的速度分布 (v_x, v_y, v_z)，将粒子速度纳入坐标体系，成为新的六维坐标 (x,y,z,v_x,v_y,v_z)，则此时粒子总数 N 可以表示为

$$N = \int n(x,y,z)\,\mathrm{d}V = \int \left(\int f(x,y,z,v_x,v_y,v_z)\,\mathrm{d}v_x\mathrm{d}v_y\mathrm{d}v_z \right)\mathrm{d}V \qquad (5.22)$$

同时引入时间 t 和质量 m，将式（5.22）采用矢量方式表示，可以得到 t 时刻的粒子总数为

$$N = \int_0^\infty \mathrm{d}m \int_{-\infty}^\infty \mathrm{d}^3 v_x \int f(\vec{x}, \vec{v}, m, t)\,\mathrm{d}^3 x \qquad (5.23)$$

式（5.23）中 $f(\vec{x}, \vec{v}, m, t)$ 被称为粒子概率分布函数。当粒子之间相互碰撞达到平衡状态时，粒子概率分布与位置和时间无关，最常见的分布形式为麦克斯韦分布，其表达式为

$$f(v) = n_0 \left(\frac{m}{2\pi\kappa T} \right)^{3/2} \exp\left(-\frac{mv^2}{2\kappa T} \right) \qquad (5.24)$$

式中，n_0 为粒子总密度；v 为粒子的速率；κ 为玻耳兹曼常数；T 为平衡温度。

对于空间中等离子体，电子与离子通常处于热平衡状态，同时高、低能量的电子或离子并存。为了更准确地计算等离子体在航天器上的注量，我们需要考虑粒子种类的影响。假设等离子体各向同性入射，电子和离子平衡温度为 T，即 $T_e \approx T_i = T$，我们以离子为例，根据麦克斯韦分布函数，速率为 v 的离子分布概率为

$$f_i(v) = n_i \left(\frac{m_i}{2\pi\kappa T_i} \right) \exp\left(-\frac{m_i v^2}{2\kappa T_i} \right) \qquad (5.25)$$

式中，n_i 为等离子体中离子总密度；m_i 为离子质量。

由于 v 为粒子运动平均速率，参照球坐标分布可以建立速率空间的 (v, θ, φ) 分布，可以得到直角坐标系下矢量各分量速度为

$$v_x = v\sin\theta\sin\varphi \qquad (5.26)$$

$$v_y = v\sin\theta\cos\varphi \qquad (5.27)$$

$$v_z = v\cos\theta \qquad (5.28)$$

因此在式（5.23）中速度空间积分可以转换为速率空间积分

$$\mathrm{d}v_x\mathrm{d}v_y\mathrm{d}v_z = v^2\sin\theta\mathrm{d}\theta\mathrm{d}\varphi\mathrm{d}v \qquad (5.29)$$

在假设麦克斯韦分布的基础上，我们可以得到描述地球同步轨道等离子环境的四个重要参数为

$$n_i = 4\pi \int_0^\infty f_i(v) v^2 \mathrm{d}v \tag{5.30}$$

$$\Phi_i = 4\pi \int_0^\infty v f_i(v) v^2 \mathrm{d}v = \frac{n_i}{2\pi} \left(\frac{2\kappa T_i}{\pi m_i} \right)^{1/2} \tag{5.31}$$

$$E_i = 4\pi \int_0^\infty \frac{1}{2} m_i v^2 f_i(v) v^2 \mathrm{d}v = \frac{3}{2} n_i \kappa T_i \tag{5.32}$$

$$\phi_E = 4\pi \int_0^\infty \frac{1}{2} m_i v^3 f_i(v) v^2 \mathrm{d}v = \frac{n_i m_i}{2} \left(\frac{2\kappa T_i}{\pi m_i} \right)^{1/2} \tag{5.33}$$

式中，Φ_i 为离子注量（$\mathrm{cm}^2/(\mathrm{s} \cdot \mathrm{sr})$）；$E_i$ 等离子体能量密度（$\mathrm{J/cm}^3$）；ϕ_E 为等离子体的能量注量（$\mathrm{J}/(\mathrm{cm}^2 \cdot \mathrm{s} \cdot \mathrm{sr})$）。同样从式（5.33），我们可以得到等离子体动压为

$$P_i = \frac{2}{3} E_i = n_i \kappa T_i \tag{5.34}$$

以及等离子体入射电流密度为

$$J_i = \pi q_i \Phi_i = \frac{n_i q_i}{2} \left(\frac{2\kappa T_i}{\pi m_i} \right)^{1/2} \tag{5.35}$$

式中，q_i 为离子电荷量。

麦克斯韦分布的离子能谱仅出现一个峰值时，称为单峰麦克斯韦分布。单峰麦克斯韦分布在工程上应用广泛，但是空间等离子体环境中比较复杂，采用单峰麦克斯韦分布有时与实际测量能谱有较大差异，因此 Garrett 等人提出了双峰麦克斯韦分布，其特征是将分布函数变化为

$$f(v) = (m/2\pi k)^{3/2} \left[(N_1/T_1^{3/2}) \exp(-mv^2/2\kappa T_1) + (N_2/T_2^{3/2}) \exp(-mv^2/2\kappa T_2) \right] \tag{5.36}$$

式中，n_1 为峰值 1（低能段）离子密度；n_2 为峰值 2（高能段）离子密度；T_1 和 T_2 为 N_1、N_2 对应的温度。相比单峰麦克斯韦分布，双峰麦克斯韦分布拟合精度更高，如图 5.1 所示。

通过对 ATS-6、SCATHA、Galaxy 15 等多颗卫星的观测数据，在 ISO 19923：2017 标准中，给出了不同卫星观测双峰麦克斯韦分布下电子和离子的分布参数如表 5.2 所示。

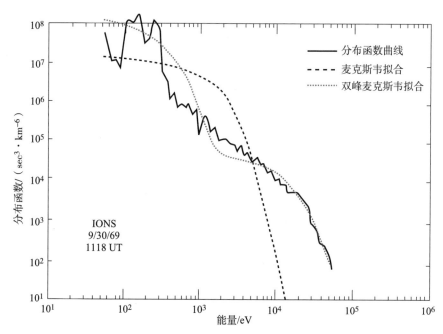

图 5.1　单峰麦克斯韦分布与双峰麦克斯韦分布能谱拟合精度比较

表 5.2　不同卫星观测双峰麦克斯韦分布下电子和离子的分布参数

环境	$n_{e1}/$ m^{-3}	T_{e1}/V	$n_{e2}/$ m^{-3}	T_{e2}/eV	$n_{i1}/$ m^{-3}	T_{i1}/V	$n_{i2}/$ m^{-3}	T_{i2}/eV
SCATHA – Mullen1	2×10^5	400	2.30×10^6	24 800	1.60×10^6	300	1.30×10^6	28 200
SCATHA – Mullen2	9×10^5	600	1.60×10^6	25 600	1.10×10^6	400	1.70×10^6	24 700
ECSS – EST – 10 – 04C	2×10^5	400	1.20×10^6	27 500	6.00×10^5	200	1.30×10^6	28 000
NASA Worst Case	1.12×10^6	12 000	—	—	2.36×10^5	29 500	—	—
ATS – 6	2.36×10^6	29 500	—	—	2.36×10^5	29 500	—	—
MIL – STD – 1809	2.36×10^6	3 100	6.25×10^5	25 100	6×10^5	200	1.20×10^6	2 800
Galaxy 15	4.58×10^4	55 600	—	—	1×10^5	7 500	—	—

　　表 5.2 中，与实际情况相比，存在标准偏差超过参量值的现象，这是由该环境极大的可变性所致，因此将地球轨道特别是 GEO 等轨道的等离子体环境特征化是非常困难的。尽管如此，这些参数在估算卫星经历的暴时环境仍是很有用的，因此该标准仍被《美国评估和控制航天器充电效应设计指南》引用，在航天工程中有重

要应用意义。

　　除了用双峰麦克斯韦分布来描述等离子体环境外，列表模式也是一种常见的计算方式。列表模式是以计算机技术和计算速度的大幅度提升为前提，相对完善的同步轨道测试数据发展起来的。麦克斯韦速度分布规律是统计平均的模式，它无法反应等离子体与时间、空间位置和地磁活动、太阳活动的关系，而列表模式将等离子体特性参数，包括电子和离子密度、温度，与上述的变量联系起来。

　　列表模式的分析步骤和方法：对测量数据进行分析，得到等离子体的四个参数；通过计算进一步得到等离子体密度和温度；计算或查找等离子体测量时间和位置的太阳活动参数、地磁活动参数等；将两者联合做成矩阵列表形式，输出结果为 $F(x,y)$。

　　$F(x,y)$ 中 F 可代表电子和离子的密度或者温度，(x,y) 为变量，可表示地磁参数，（如 K_p，A_E 和 D_{st} 等），也可代表太阳风条件（如 IMF）或太阳条件（如太阳黑子数目、F10.7 等）。目前，列表模式因变量种类较多带来的模式种类也较多，如 Korth（1999 年）等人采用的变量为磁地方时和 K_p 指数，Denton（2005 年）等人采用的变量为 D_{st} 指数和太阳风暴时间等。

　　以 2008 年 Colby 等人建立的以磁地方时（Magnetic Local Time，MLT）和太阳活动参数 P 为变量的列表模式为例，P 为与太阳活动相关的参数（包括太阳风动压、磁地方时、行星际磁场等），典型结果如图 5.2 所示。

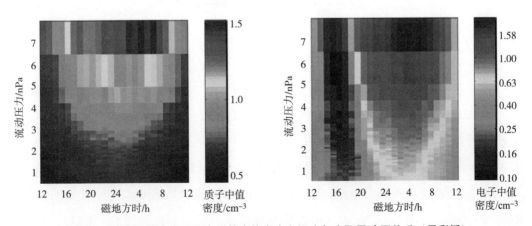

图 5.2　等离子体中离子和电子的中值密度和温度与太阳风动压关系（见彩插）

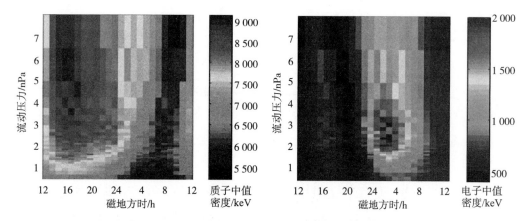

图 5.2 等离子体中离子和电子的中值密度和温度与太阳风动压关系（见彩插）（续）

如图 5.2 所示，在磁地方时 24h 前后，电子和质子密度和能量均明显增加。图 5.2 所示的列表模式优点在于可以结合 D_{st}、流动压力等参数的变化，实现对等离子体参数动态变化的图谱，反映等离子体与时间、空间位置和地磁活动、太阳活动的关系。

麦克斯韦分布和列表模式两种描述等离子体的方式，可以根据工程和计算需求进行灵活选择。双峰麦克斯韦分布由于其定量化描述，通常用于计算表面充电效应等。相比之下，列表模式由于可以表现动态变化特征，更多用于等离子体环境特征的预测和分析。

5.2　地球等离子体环境

5.2.1　电离层

在地球大气层 60 km 以上的区域，中性粒子因太阳电磁辐射、宇宙线、沉降粒子等作用发生部分电离或完全电离，该区域称为地球电离层。1927 年，Edward V. Appleton 首次证实电离层的存在，并因此而获得了 1947 年诺贝尔奖。Loyd Berkner 首次测量了电离层的高度和密度。根据无线电工程师学会（Institution of Radio Engineers，IRE）颁布的"电波传播规范属于定义"规定，"电离层是地球大气层中有足够的自由电子并能影响无线电波传播的组成部分"。电离层范围约 60 ~ 1 000 km，涵盖了热层、部分中间层和逃逸层区域，如图 5.3 所示。

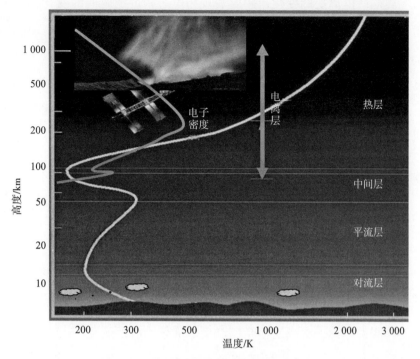

图 5.3　地球电离层位置（来源于 **SEPC**）

电离层处于中性大气与磁层的过渡区域，它是由大气电离生成电子、离子和中性粒子构成能量很低的准中性等离子体区域。常用电子连续性方程描述电离层物理过程为

$$\frac{\partial n_e}{\partial t} = Q - L(n_e) - \nabla \cdot (n_e v_e) \tag{5.37}$$

式中，n_e 为电子密度；Q 为单位时间生成的电子密度；$L(n_e)$ 为单位时间损失的电子密度；v_e 为电子平均运动速度；$\nabla \cdot (n_e v_e)$ 为输运过程引起的电子密度变化。

由式（5.37）可知，电离层物理过程可分为三类：第一类是电离粒子的产生过程，为电离层中的电离生成过程；第二类为电离粒子的消失过程，包括了复合和黏附过程；第三类是电离粒子的输运过程。电离层中较为重要的输运过程为双极扩散、热层风感应沿磁力线方向漂移、电动力学漂移等，其运动方向包括水平和垂直。

大气电离主要是太阳辐射中紫外线和 X 射线所致。此外，太阳高能带电粒子和银河宇宙射线也起到相当重要的作用。地球高层大气中的分子和原子，在太阳紫外线、X 射线和高能粒子的作用下电离，产生自由电子和正、负离子，形成等离子体区域,即电离层。电离层的变化,主要表现为电子密度随时间的变化,而电子密度达到平衡的条件,主要取决于电子生成率和消失率。

电子生成率是指中性气体吸收太阳辐射能发生电离,单位体积内每秒产生的电子数。电子消失率是指当不考虑电子漂移运动时,单位体积内每秒消失的电子数。带电粒子通过碰撞等过程又产生复合,使电子和离子的数目减少。此外,带电粒子的漂移或其他运动也可使电子或离子密度发生变化。

5.2.2　电离层的结构特征

电离层沿着高度方向可分为 D 层、E 层和 F 层,其中 F 层在白天又分为 F_1 层和 F_2 层,如图 5.4 所示。随着高度的变化,电离层中电子密度发生变化,由于电离层是大气中原子吸收能量电离形成,能量的重要来源之一为太阳,因此白天和夜间的电子分布剖面曲线有所差别。此外,由于太阳的作用,与电离层相邻的中性大气也会受热膨胀,因此,电离层四个层高度的界限也有所变化。

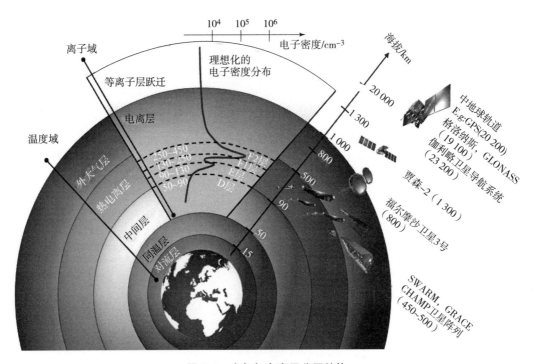

图 5.4　大气与电离层分层结构

在白天,电离层四个区域的大致高度范围和电子密度如表 5.3 所示。在夜间,D 层消失,E 层电子密度下降明显。F_1 层和 F_2 层在白天都存在,在夜间合并为 F

层，夜间电子密度比白天小。此外，大气层从地表一直到 100 km 都是均质层，大气层气体以氮和氧的混合为主。因此，该区域等离子体以氮和氧成分的离子组成。随着高度的增加，原子成分（如氧、氮、氢等）相继起重要作用。

表 5.3　电离层四个区域的高度和电子密度特性

电离层区域	高度范围/km	电子密度范围/m^{-3}
D 层	$60 \sim 90$	$10^8 \sim 10^{10}$
E 层	$90 \sim 130$	$10^{10} \sim 10^{11}$
F_1 层	$130 \sim 210$	$10^{11} \sim 10^{12}$
F_2 层	>200	$<10^{12} \sim 10^{13}$

D 层距离地面 $60 \sim 90$ km，电子密度日夜变化较大，峰值密度出现于午后，约为 $10^8 \sim 10^{10}$ m^{-3}，位于 85 km 处。夜间 D 层电子基本消失。一年之中，D 层电子密度夏季值的峰值大于冬季值，但在中纬度地区，有时冬季值反而较大，这种现象称为冬季异常。

E 层离地面 $90 \sim 130$ km，电子密度值分昼夜、季节和太阳活动周期三种变化，分别于白天中午、夏季和太阳活动高年达到最大值。E 层电子年密度在太阳活动高年的变化值可以达到 10%。电子峰值密度出现于 $105 \sim 110$ km 左右，约为 10^{11} m^{-3}。夜间 E 层峰值密度下降，而对应峰值高度反而上升。E 层的形成是由于大气吸收了 $800 \sim 1\ 027$ Å 远紫外辐射，使氧分子电离形成氧离子。此外，在短波端（波长 $10 \sim 100$ Å）的 X 射线可以使所有大气成分电离，主要的初级离子是 O^{2+}、N^{2+} 和 O^+。

F 层又分为 F_1 层和 F_2 层。F_1 层离地面 $130 \sim 210$ km，电子密度峰值约为 2×10^{11} m^{-3}，位于 180 km 左右处。F_1 层峰形夜间消失，中纬度 F_1 层只出现于夏季，在太阳活动高年和电离层亚暴时，F_1 层变得明显。F_2 层位于 210 km 以上，其电子密度峰值变化较大，白天可达 10^{12} m^{-3}，夜间则可降至白天峰值的一半左右，其电子密度受太阳活动调制。F 层电子密度呈现明显的纬度差异，在赤道地区，呈"双驼峰"异常现象。F_1 层的形成起因于 $200 \sim 900$ Å 太阳光谱最强吸收波长的部分，初级反应产物是 O^{2+}、N^{2+}、O^+、He^+ 和 N^+，不过后续的化学反应产生 NO^+ 和 O^{2+}。在 F_2 层，除了太阳光电离外，还有高能粒子辐射所电离产生的等离子体。

在电离层活动中，一个重要的参量为电离层电流，考虑到电离层中电子和离子

运动，电离层电流密度为

$$\vec{j} = en_e(\vec{v_i} - \vec{v_e}) \tag{5.38}$$

式中，$\vec{v_i}$ 为离子运动速度；$\vec{v_e}$ 为电子运动速度；n_e 为电子密度。

采用电流感应方程，式（5.38）可以写为

$$\vec{j} = \hat{\sigma}(\vec{E} + \vec{U} \times \vec{B}) \tag{5.39}$$

式中，$\hat{\sigma}$ 为电导率；$\vec{E}$ 为静电场；$\vec{U}$ 为等离子体运动速度；$\vec{B}$ 为磁场强度。

电离层电导率为张量，可以表示为

$$\hat{\sigma} = \left\{ \begin{matrix} \sigma_P & \sigma_H & 0 \\ -\sigma_H & \sigma_P & 0 \\ 0 & 0 & \sigma_{//} \end{matrix} \right\} \tag{5.40}$$

式中，σ_P 为彼德森电导率（Perdersen Conductivity）。

表达式为

$$\sigma_P = \frac{en_e}{B}\left(\frac{\omega_e v_{en}}{\omega_e^2 + v_{en}^2} + \frac{\omega_i v_{in}}{\omega_i^2 + v_{in}^2}\right) \tag{5.41}$$

式中，ω_e 为电子振荡频率；ω_i 为离子振荡频率；v_{en} 为电子与中性分子碰撞频率；v_{in} 为离子与中性分子碰撞频率。

σ_H 为霍尔电导率，表达式为

$$\sigma_H = \frac{en_e}{B}\left(\frac{\omega_e^2}{\omega_e^2 + v_{en}^2} - \frac{\omega_i^2}{\omega_i^2 + v_{in}^2}\right) \tag{5.42}$$

σ_{in} 为本征电导率，表达式为

$$\sigma_{in} = en_e^2\left(\frac{1}{m_e(v_{en} + v_{ei})} + \frac{1}{m_i v_{in}}\right) \tag{5.43}$$

上述电导率都与电子密度 n_e 相关，同样与中性分子碰撞频率 v_{en} 和 v_{in} 相关。需注意的是，随着高度增加，中性分子变得稀疏，使得电导率发生变化。由于气体密度变化取决于时间和地理位置，因此，电导率同时也是时间和位置的函数，典型变化值如图 5.5 所示。

电离层分层结构只是电离层状态的理想描述，实际上电离层总是随纬度、经度呈现复杂的空间变化，并且具有昼夜、季节、年份、太阳黑子周期等变化。由于电离层各层的化学结构、热结构不同，各层的形态变化也不尽相同。

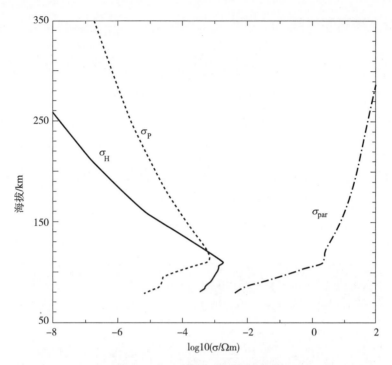

图 5.5　大气电导率随高度变化值

通常我们采用电离层模型来描述电离层电子密度、电子温度、碰撞频率、离子密度、离子温度和离子成分等空间分布的基本参数特征。目前，国际上推荐的电离层经验模式为国际参考电离层（International Reference Ionosphere，IRI）。国际参考电离层（IRI）是一个基于所有可用数据源来研究电离层的经验模式，由空间研究委员会（Committee on Space Research，COSPAR）和无线电科学联合会（Union of Radio Science，URSI）主办创建。

对于给定的时间、地点和日期，IRI 模型可以提供电子密度、电子温度、离子温度、电离层高度范围、离子组成等参数。IRI 的计算方式可通过在线计算和开源代码编译计算两种方式进行，在线计算的网址为 https：//ccmc. gsfc. nasa. gov/ modelweb/models/iri2016_vitmo. php/。用户可以根据 IRI 源程序编译可执行程序，进而实现电子密度等相关参数的计算，编译之后的可执行程序和国际参考电离层的在线计算类似，它是一个交互式的计算过程，需要用户提供经纬度、时间、高度范围、模型选择等参量以获得计算结果。

5.2.3 等离子体层

地球等离子体层位于电离层之上，是一个等离子体密度比磁尾中性片高得多的等离子体区域，如图 5.6 所示。等离子体层下部与电离层连接，处于热平衡状态，有时也被称为外电离层。等离子体层的电子和离子密度约为 $10^3 \sim 10^4$ cm^{-3}，随高度变化参数变化不大。电子温度约为 $10^3 \sim 10^4$ K，最高可达 35 100 K，平均自由程为 $10^4 \sim 10^8$ m，磁场强度约为 3×10^{-4} Gs。等离子体层的外边界被称为等离子体层顶，其位置随太阳活动变化较大，平静时位置大约为 5 ~ 6 个地球半径，但当磁层亚暴发生时，位置可向内推进到 2 ~ 3 个地球半径。

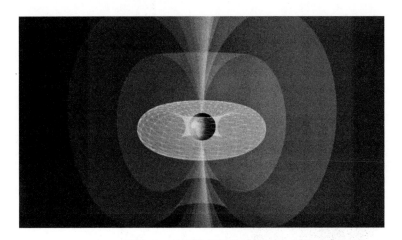

图 5.6　地球等离子体层结构

等离子体层最主要的离子成分是质子，其次为 He$^+$、N$^+$、O$^+$、He^{2+} 等。一般来说，He$^+$ 是除质子外最多的离子，He$^+$ 密度与 H$^+$ 密度比值为 1% ~ 50%，一般出现在 2% ~ 6%。通常在太阳活动峰年 He$^+$ 和其质子数比值大，这时太阳极紫外射线最强，加强了电离层粒子光电离的数量，当光电子被束缚到等离子体层通量管内后，会引起等离子体层加热导致该比值升高。

Berchem 和 Etcheto 认为在赤道面上的等离子体层密度应满足指数分布，通过 ISEE（International Sun – Earth Explorer）卫星观测给出了如下公式。

$$\log\left(\frac{n_e}{n_0}\right) = -\,(3.5 + 0.5\sin\phi)\log r \tag{5.44}$$

式中，n_e 为电子密度；n_0 为由边界条件决定的参考密度；ϕ 为磁地方时；r 为到地心的距离。

对于等离子体层的槽区，赤道面等离子体密度与 L 值（到地心距离 r 与地球半径的比值）有如下关系。

$$n_{eq}(L) = \begin{cases} (5\ 800 + 300t)L^{-4.5} + (1 - e^{(L-2)/10}), 00 \leqslant t < 06\mathrm{MLT} \\ (-800 + 1\ 400t)L^{-4.5} + (1 - e^{(L-2)/10}), 06\mathrm{MLT} \leqslant t \leqslant 15\mathrm{MLT} \end{cases} \tag{5.45}$$

式中，t 为地方时。

等离子体层采用 Akebono 模型、IMAGE 模型、IZMIRAN/SMI 模型、GPID 模型（Global Plasma Ionsphere Density Model）、GCP 模型（Global Core Plasma Model）。GCP 模型为开源的，可用于计算离子成分和密度，网址：http://plasmasphere. nasa. gov/，计算示例如图 5.7 所示。

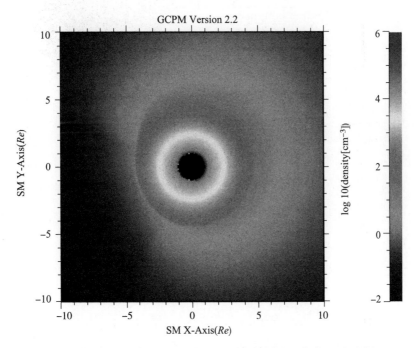

图 5.7　GCP 模型等离子体分布（中心黑色圆形为地球）（见彩插）

图 5.7 所示等离子体层的整体特征，适用于 MEO 高度。在航天工程应用过程中，常规运行 LEO 和 PEO 高度相比 MEO 和 GEO 低，其等离子体层特征与 MEO 和 GEO 有所差别，因此需根据具体情况进行设计分析。

LEO 等离子体主要为大气电离所形成的电离层等离子体，而电离层等离子体与地球同步轨道等离子体相比，其能量低、密度高。LEO 典型等离子体能量为 0.1 ~ 0.3 eV，密度为 $10^2 \sim 10^5$ cm^{-3}。LEO 较大部分区域与电离层重合，因此可以用国际参考电离层模型来计算其等离子体密度分布。

以国际空间站为例，采用 IRI 模型可以计算得到太阳极大年与极小年条件下等离子体电子、离子密度及其温度的变化情况（如表 5.4 所示）。

表 5.4　IRI 模型计算等离子体环境的参数

太阳周期	输出	电子密度/ m^{-3}	氧离子密度/ m^{-3}	电子温度/ K	离子温度/ K
极大年	极大值	2.7×10^{12}	1.9×10^{12}	2 653	1 501
	极小值	3.0×10^{11}	0.7×10^{11}	989	1 019
	均值	9.8×10^{11}	5.1×10^{11}	1 497	1 244
极小年	极大值	3.9×10^{11}	2.8×10^{11}	2 531	1 372
	极小值	2.3×10^{10}	0.5×10^{10}	776	623
	均值	1.1×10^{11}	0.6×10^{11}	1 384	988

由表 5.4 可以看出，LEO 轨道等离子体主要特点为密度较高，但能量低。对于航天器而言，低能离子所造成的溅射和原子氧侵蚀是主要问题。同时，由于电子能量较小，表面充电效应往往不明显。

极地轨道（Polar Earth Orbit，PEO）属于高纬度的低地球轨道，因此，PEO 等离子体环境具有 LEO 等离子体环境特征，即电离层等离子体特征。此外，PEO 等离子体环境受磁场的影响很大，由于地球磁场属于类偶极子场，空间中带电粒子被磁场捕获后，沿磁力线运动将进入地球的南北两极。这些高能带电粒子进入地球大气层后，将进一步电离地球大气层，形成极光电子注入，成为等离子体的另外一个来源。

根据美国极轨气象卫星 DMSP（Defense Meteorological Satellite Program）等离子体测量载荷获得的三类极光电子监测数据，可用双峰麦克斯韦分布进行拟合，拟合后的参数如表 5.5 所示。表 5.5 中，n_L 和 n_H 分别代表低能段和高能段电子密度，T_L 和 T_H 分别为它们对应的能量。由表 5.5 可见，极区电子高能段能量可以达到 keV 量级。

表 5.5　三种典型极光电子谱的双麦克斯韦分布拟合参数

谱类型	n_L / m^{-3}	T_L / eV	n_H / m^{-3}	T_H / eV
A	6.8×10^5	16.65	1.0×10^6	5 723.13
B	3.2×10^6	222.40	4.5×10^5	7 416.48
C	1.6×10^7	261.37	8.2×10^4	6 566.44

除低能等离子体外，MEO 和 GEO 轨道都存在高能电子，特别是 GEO。由于 GEO 穿越了几个不同的等离子体层，所以它的等离子体构成很复杂，主要由外辐射带部分区域、等离子体层或其层顶，以及背阳侧磁尾等离子体片内边界区域所构成，具有如下特征：粒子能量范围宽，几乎涉及所有能量的等离子体；在不同位置、不同时间等离子体的能谱不完全相同；在不同的太阳活动条件及地磁活动条件下，等离子体的构成区域也不完全相同。

此外，由于该环境经常存在与亚暴对应的等离子体注入事件，注入的等离子体具有较高能量和温度，从而引起处于此环境中卫星表面产生较高充电电位，可以达到 $-20\ 000$ V 以上，造成卫星工作异常，甚至失效。

在 20 世纪 80 年代，Garret 和 Deforest 等人分析了 AST－5 卫星 10 天的探测数据，发现在地方时午夜前后，GEO 存在高能等离子体注入现象。在此基础上，Garret 等人以 A_p 指数为参数，建立了列表模式的 GEO 等离子体模型，其优势主要为模型通过 A_p 指数输入具有预测性，如表 5.6 所示。

表 5.6　A_p 指数输入的 GEO 等离子体模型

电子参数		
	物理量	参考值
通用参量	密度/m^{-3}	$1.09 \pm 0.89 \times 10^6$
	电流密度/(A·m^{-2})	$0.115 \pm 0.1 \times 10^{-5}$
	能量密度/(eV·m^{-3})	$3\ 710 \pm 3\ 400 \times 10^6$
	能流密度/(eV·m^{-2}·s^{-1}·sr^{-1})	$1.99 \pm 2 \times 10^{16}$
双峰麦克斯韦参数	低能段峰值密度/m^{-3}	$0.78 \pm 0.7 \times 10^6$
	低能段峰值能量/eV	$0.55 \pm 0.32 \times 10^3$
	高能段峰值密度/m^{-3}	$0.31 \pm 0.71 \times 10^6$
	高能段峰值能量/eV	$8.68 \pm 4.0 \times 10^3$
离子参数		
	物理量	参考值
通用参量	密度/m^{-3}	$1.09 \pm 0.89 \times 10^6$
	电流密度/(A·m^{-2})	$0.115 \pm 0.1 \times 10^{-5}$
	能量密度/(eV·m^{-3})	$3\ 710 \pm 3\ 400 \times 10^6$
	能流密度/(eV·m^{-2}·s^{-1}·sr^{-1})	$1.99 \pm 2 \times 10^{16}$

物理量		参考值
双峰麦克斯韦参数	低能段峰值密度/m^{-3}	$0.78 \pm 0.7 \times 10^6$
	低能段峰值能量/eV	$0.55 \pm 0.32 \times 10^3$
	高能段峰值密度/m^{-3}	$0.31 \pm 0.71 \times 10^6$
	高能段峰值能量/eV	$8.68 \pm 4.0 \times 10^3$

同一时期，以空间充放电实验为主要目的的美国 SCATHA 卫星经过多次测量，得出 GEO 平均电子和离子环境，以及最恶劣等离子体环境，其结果如表 5.7 所示。

表 5.7 SCATHA 卫星获取的 GEO 等离子体参数

物理量		电子参考值	离子参考值
通用参量	密度/m^{-3}	3.0×10^6	3.0×10^6
	电流密度/(A·m^{-2})	5.0×10^{-6}	1.6×10^{-7}
	能量密度/(eV·m^{-3})	2.4×10^{10}	3.7×10^{10}
	能流密度/(eV·m^{-2}·s^{-1}·sr^{-1})	1.5×10^{17}	7.5×10^{15}
双峰麦克斯韦参数	低能段峰值密度/m^{-3}	1.0×10^6	1.1×10^6
	低能段峰值能量/eV	600	400
	高能段峰值密度/m^{-3}	1.4×10^6	1.7×10^6
	高能段峰值能量/eV	2.51×10^4	2.47×10^4

对比表 5.6 和表 5.7 的电子和离子通量及能量数据，可以看到两者基本在同一个量级。基于表 5.6 或表 5.7，我们可以对等离子体的环境效应作出进一步评估。

5.3 等离子体的环境效应

5.3.1 电离层对电波传播的影响

电离层也是由等离子体组成，电波在等离子体中传播会引起电子和离子的波动，反之也会影响电波的传播路径、频率与相位，如图 5.8 所示。人类最早认识到电离层对电波传播的影响是在无线电发明以后，长距离的电波传播可以依托电离层反射来实现。人们发现只有在一定频率以下的电波才可以实现反射传播，而在该频率以上的电波往往不再反射回来，这个频率被称为临界频率。

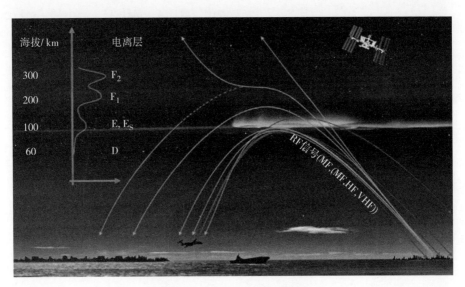

图 5.8　电波在电离层的传播

临界频率的产生与电离层等离子体中电子振荡现象相关。当电波频率低于电子振荡频率时，电波激发的电子运动可以使电波完全地反射，因此根据式（5.20），临界频率为

$$f_{pe} = \frac{1}{2\pi}\sqrt{\frac{n_e e^2}{\varepsilon_0 m_e}} = 8.979\sqrt{n_e} \tag{5.46}$$

由式（5.46），结合电离层电子密度变化，我们可以得到 D 层日间与夜间的临界频率分别为

$$f_{pe,D|\,day} = 8.979\sqrt{n_e} = 8.979\sqrt{10^9} \approx 0.3\,(\text{MHz}) \tag{5.47}$$

$$f_{pe,D|\,night} = 8.979\sqrt{n_e} = 8.979\sqrt{10^2} \approx 90\,(\text{Hz}) \tag{5.48}$$

D 层电子密度受日照影响明显。在日间太阳光辐照下，D 层电子密度约为 $10^9\,\text{m}^{-3}$，对应临界频率约为 0.3 MHz，意味着 0.3 MHz 以下电波均可以在 D 层实现反射。而在夜间，D 层电子密度下降到 $10^2\,\text{m}^{-3}$，几乎完全消失，对应的临界频率降为 90 Hz。此时 90 Hz 以上电波均可以穿透 D 层。

对于 E 层，其电离现象的产生主要是由于太阳软 X 射线 80~102 nm 太阳极紫外射线。其电子密度日间和夜间差别仅有 2 个量级，分别为 $10^{11}\,\text{m}^{-3}$ 和 $2\times10^9\,\text{m}^{-3}$，由此我们可以求得 E 层的临界频率为

$$f_{pe,E|\,day} = 8.979\sqrt{10^{11}} \approx 3\,(\text{MHz}) \tag{5.49}$$

$$f_{pe,\text{E}|\text{hight}} = 8.979 \sqrt{2 \times 10^9} \approx 0.4 \text{ (MHz)} \tag{5.50}$$

由式（5.50）可见，在夜间 E 层仍然可以反射 0.4 MHz 以下电波。与 D、E 层相比，F 层电子密度又进一步增加，日间可以达到 1.5×10^{12} m^{-3}，而夜间则为 2.5×10^{11} m^{-3}，因此，F 层的临界频率为

$$f_{pe,\text{F}|\text{day}} = 8.979 \sqrt{1.5 \times 10^{12}} \approx 11 \text{ (MHz)} \tag{5.51}$$

$$f_{pe,\text{F}|\text{hight}} = 8.979 \sqrt{2.5 \times 10^{11}} \approx 4.5 \text{ (MHz)} \tag{5.52}$$

我们可以看到，F 层临界频率相比 D 层和 E 层明显增大，即使在夜间，临界频率也达到 4.5 MHz。因此，对于电波传播而言，在 4.5 MHz 以下可以实现电离层的反射与传播。

电离层对电波传播的影响不仅限于折射和反射，它还会改变电波的频率和相位，在电离层中传播的电波相速度和群速度为

$$v_p = c \left(1 - \frac{f_{pe}^2}{f^2} \right)^{-1/2} \tag{5.53}$$

$$v_g = c \left(1 - \frac{f_{pe}^2}{f^2} \right)^{1/2} \tag{5.54}$$

式中，c 为光速；f 为电波的频率。

在电离层中，相速度会大于光速，而群速度小于光速。由于电波的能量由群速度传播，因此电波的实际传播速度要小于光速。电波在穿过电离层后，由于群速度与光速的差异（大气中传播近似为光速），会造成传播时间的差别为

$$\Delta t = \int_{\text{real}} v_g^{-1} \, ds - \int_{\text{geometry}} c^{-1} \, ds \tag{5.55}$$

式中，两端分别代表实际路径和几何路径的传播时间，我们代入式（5.54），并且假设实际传播路径和几何路径一样，可以得到

$$\Delta t = \int c^{-1} [(1 - f_{pe}^2/f^2)^{-1/2} - 1] \, ds \approx \frac{1}{2cf^2} \int f_{pe}^2 \, ds \tag{5.56}$$

代入 f_{pe} 的表达式，式（5.56）进一步简化为

$$\Delta t \approx \frac{40.31}{cf^2} \int n_e \, ds = \frac{40.31}{cf^2} TEC \tag{5.57}$$

$$TEC = \int n_e \, ds \tag{5.58}$$

式中，TEC 代表沿电波传播路径的电子密度总量。

由式（5.58）可见，电离层对电波传播造成的时差除了与电波频率相关，还与 TEC 相关。当导航卫星信号穿过电离层时，电波传播时差将直接造成导航定位的误差为

$$\Delta r = c\Delta t = \frac{40.31}{f^2}TEC \qquad (5.59)$$

因此，卫星导航的精度误差一方面与信号频率的平方成反比，另一方面与信号在电离层中传播距离上的电子总量 TEC 成正比。为了提高导航定位精度，我们可以增大电波频率。电波频率的进一步增大同样会导致电波在大气中的损耗加大，因此对于导航卫星而言，通常采用 1 ～ 10 GHz 频率进行通信，其军用频段的频率要明显高于民用频率。

考虑到卫星同时以 f_1 和 f_2 的频率穿过电离层向地面目标传输信号，假设它们的路径相同，且 $f_2 < f_1$，则地面目标接收卫星信号的时间差为

$$\Delta t_{12} = \left(\frac{40.31}{cf_2^2} - \frac{40.31}{cf_1^2}\right)TEC = \frac{40.31 \cdot TEC}{cf_1^2 f_2^2}(f_1^2 - f_2^2) \qquad (5.60)$$

由式（5.60）我们可以求得电波传播路径上电子总量 TEC 为

$$TEC = \frac{cf_1^2 f_2^2 \Delta t_{12}}{40.31(f_1^2 - f_2^2)} \qquad (5.61)$$

因此，我们可以通过两个频段的电波信号来确定其穿行电离层所经历的电子总量 TEC，进而由式（5.50）实现对定位误差的校正。

[例题] GPS 卫星有两种载波信号频率，分别为 L1 载波 1 575.4 MHz 和 L2 载波 1 227.60 MHz。一观测者发现从 GPS 卫星发射回来的 L2 信号，因为电离层活动出现了 10 m 的偏差，试计算相同条件下 L1 载波的位置误差。

解答：根据式（5.34），我们可以知道不同频段定位误差比值为

$$\frac{\Delta r_1}{\Delta r_2} = \frac{f_2^2}{f_1^2} \qquad (5.62)$$

即相同条件下的距离误差与载波频率的平方成反比，因此我们可以求得 L1 波段的定位误差为

$$\Delta r_1 = \frac{f_1^2}{f_2^2}\Delta r_2 = \frac{1\,227.6^2}{1\,575.4^2}10 = 6.1\ (\mathrm{m}) \qquad (5.63)$$

5.3.2　表面充放电效应

空间中等离子体一般由能量在 100 keV 以下的电子和离子组成，这些带电粒子

能量较低，较难穿透卫星表面，因此它们多与航天器表面相互作用。

由于电子的质量远小于离子，因此当电子与离子温度达到平衡时，电子的热运动速度远远高于离子。也就是说，相同时间内，航天器表面所接收到的电子通量远大于离子通量。因此，其效果类似电子直接辐照航天器表面，航天器表面绝缘材料会不断积累负电荷。

航天器表面材料一旦积累负电荷，其形成的电场将排斥电子、吸引离子，而且随着电位值的升高，这种作用也将增强，最终将建立一个动态平衡达到平衡电位，即航天器表面充电电位。

表面充电电位达到击穿阈值时，所产生的放电脉冲会对航天器电路产生电磁干扰，同时可以产生光学信号干扰。高充电电位会使航天器整体接地电位发生漂移，影响航天器搭载的粒子探测器效率和电子电路安全。

空间等离子体与表面材料的相互作用是引起表面充电现象的主要原因，表面充电的其他影响因素还包括光电流、二次电子电流，以及表面散射电流等，如图 5.9 所示。

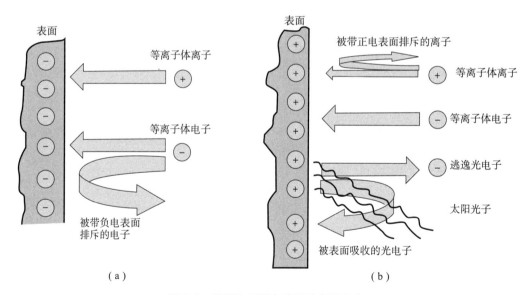

图 5.9　阴影和日照条件下的表面充电

（a）阴影条件；（b）日照条件

引起等离子体充电的充电电流包括入射等离子体产生的电子电流与离子电流、入射等离子体撞击形成的二次电子电流、背散射电子电流与离子电流、光电子电流等。

如果卫星表面不在日照条件下，则典型充电电位可能达到负几百甚至负上万伏。在日照条件下，光电子电流可以使航天器表面带上正电位。这是由于入射太阳光子照射到太阳能电池板或表面材料时，将会产生光电效应，使表面材料电子出射，进而在表面材料产生正电位。太阳入射功率密度是能量的函数，可以写为 $S(E)$，每个入射光子所产生的电子数也是光子能量的函数，即功函数 $W(E)$。因此光电子电流密度为

$$j_{pho} = -\int_0^\infty W(E)S(E)\,\mathrm{d}E \tag{5.64}$$

式中，负号表示与光子入射方向相反。

典型材料的工作函数和平均光电子电流密度如表 5.8 所示。

表 5.8　典型材料光电子发射特征

材料	工作函数/eV	平均光电流密度/($\mu\mathrm{A}\cdot\mathrm{m}^{-2}$)
氧化铝	3.9	42
氧化铟	4.8	30
金	4.8	29
不锈钢	4.4	20
石墨	4.7	4

当电子入射到表面材料时，它被材料反射或吸收。在吸收过程中，电子与材料原子碰撞，有一定概率重新散射出表面，形成散射电子。当入射电子能量足够大时，可以电离激发表面材料的电子，使其逃逸表面材料形成二次电子，该过程称为二次电子现象。

当电子能量极低时，入射到表面材料的反射系数约在 0.05 左右，而且反射系数随着入射电子能量增加而减少。散射电子的能量通常略低于入射电子，而二次电子能量与材料相关，具有独特的能谱特征。二次电子与入射电子之比称为二次电子系数，除与材料相关外，二次电子系数与入射电子的能量和角度也密切相关。在表面充电仿真软件 NASCAP 中，二次电子系数随能量 E 和入射角度 θ 的关系如下。

$$\delta_e(E,\theta) = (1.114\delta_{max}/\cos\theta)(E_{max}/E)^{0.35}[1 - \exp(-2.28\cos\theta(E_{max}/E)^{1.35})] \tag{5.65}$$

式中，δ_{max} 为最大二次电子系数；E_{max} 为其对应的二次电子能量。

典型材料的最大二次电子系数和相应能量如表 5.9 所示。

表 5.9　典型材料最大二次电子系数和对应能量

材料	最大二次电子系数	最大能量/eV
铝	0.97	300
氧化铝	1.5 ~ 1.9	350 ~ 1 300
氧化镁	4.0	400
二氧化硅	2.4	400
聚四氟乙烯	3	300
聚酰亚胺	2.1	150
镁	0.92	250

除了电子入射会产生二次电子外，离子入射也会产生同样的效果，其二次电子系数与入射离子能量和角度相关，采用 Wipple 近似可以表示为

$$\delta_{ie}(E,\theta) = \frac{2\delta_{imax}\sqrt{E/E_{max}}}{1 + E/E_{max}}\sec\theta \tag{5.66}$$

式中，δ_{imax} 为离子产生的最大二次电子系数；E_{max} 为对应的最大能量，该值与离子种类相关。

以质子为例，能量 90 keV 的质子可以产生最大二次电子系数约为 4.2。

二次电子出射后具有一定能谱分布，若将其能谱定义为 $g(E^*,E)$，E^* 为二次电子能量，则可以求得二次电子电流密度为

$$j_{se} = -e\frac{2\pi}{m_e^2}\int_0^\infty dE^*\int_0^\infty dE\int_0^\pi \sin\theta g(E^*,E)\delta_e(E,\theta)f(E)d\theta \tag{5.67}$$

对于背散射电子，其电流密度可以由背散射函数 $B(E^*,E)$ 参照式（5.67）进行表示为

$$j_{be} = -e\frac{2\pi}{m_e^2}\int_0^\infty dE^*\int_0^\infty dE\int_0^\pi \sin\theta B(E^*,E)\cos\theta f(E)d\theta \tag{5.68}$$

式中，$\cos\theta$ 为散射角。

当卫星为零电位时（卫星带电起始前），周围环境中的离子电流要比电子电流小两个量级，因此在电位较低时，可以忽略离子电流。假设环境中等离子体是各向同性的，并可以用单峰麦克斯韦分布函数式（5.25）来描述，则在没有表面电场的情况下，表面材料所收集到的电流为

$$j_{e0} = e\int vn_e F(v)d^3v \tag{5.69}$$

代入式（5.25）可以得到

$$j_{e0} = \frac{en_e}{2} \sqrt{\frac{2\kappa T_e}{m_e}} \qquad (5.70)$$

对于初始电子通量，总出射的电子通量主要是二次电子通量、背散射电子通量和光电子通量之和，因此，净入射电子通量为

$$J_{\text{total}} = j_e - j_{se} - j_{be} - j_{pho} \qquad (5.71)$$

式（5.71）为表面充电过程中电子的实际入射电流。对于能量较低的等离子体，离子运动速度 v_i 可能低于航天器飞行速度 v_s，因此离子入射电流可以表示为

$$J_{i0} = q_i n_i v_s \qquad (5.72)$$

而当等离子体能量较高时，特别是 MEO 和 GEO 等离子体，离子运动速度大于航天器飞行速度，此时离子入射电流为

$$J_{i0} = \frac{eq_i}{2} \sqrt{\frac{2\kappa T_i}{m_i}} \qquad (5.73)$$

上述分析均忽略了表面材料电位的影响，实际上，表面材料电位对入射电子电流和离子电流起到调制作用。当表面材料带正电位时，周围等离子体的电子被吸引，离子被排斥，使入射电子电流比零电位时明显增加，离子电流减少；而当表面材料带负电位时，周围等离子体的电子被排斥，离子受到吸引，使电子电流减少，离子电流增加。

航天器表面充电通常分为绝对充电和差分充电。卫星表面的绝对充电是指卫星充电电位均匀，一般发生在环境等离子体中，充电时间在微秒量级。而差分充电是指卫星不同区域之间充电电位不相等，一般发生的时间跨度在几秒到几分钟之间。具体区别如表 5.10 所示。

表 5.10　航天器表面绝对和差分充电的区别

充电类型	轨道位置	充电部位
绝对充电	进入或脱离地球阴影区	卫星整体表面（包括隔热毯、太阳电池、天线等）
差分充电	在地球阴影区或日照区	卫星材料表面二次电子发射系数不同的部位
	地球日照区、进入或脱离地球阴影区	卫星日照部位与阴影部位之间（日照部位表面常为正电位，阴影部位表面常为负电位）

航天器表面充电电位高低与轨道高度和轨道倾角密切相关，不同轨道的表面充电最大电位参考值如图 5.10 所示。由图 5.10 可见，GEO 卫星的表面充电最高电位

可以达到 – 28 000 V，具有极大的放电风险。

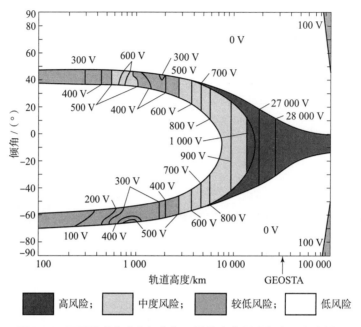

图 5.10　不同轨道高度和倾角与卫星的充电风险程度（见彩插）

考虑到航天器表面电位 V 的排斥与吸引效应后，实际入射电子电流和离子电流与电位的关系如下。

当 $V > 0$ 时，

$$J_e = J_{e0} \left[1 + \left(\frac{eV}{\kappa T_e} \right) \right] \tag{5.74}$$

$$J_i = J_{i0} \exp\left(- \frac{eV}{\kappa T_i} \right) \tag{5.75}$$

当 $V < 0$ 时，

$$J_e = J_{e0} \exp\left(\frac{eV}{\kappa T_e} \right) \tag{5.76}$$

$$J_i = J_{i0} \left[1 - \left(\frac{eV}{\kappa T_i} \right) \right] \tag{5.77}$$

当表面充电电位达到平衡时，

$$J_e = J_i \tag{5.78}$$

当电子符合麦克斯韦分布，由式（5.78）可以求得负充电电位条件下的表面充电电位为

$$V_s = - \frac{\kappa T_e}{e} \ln\left[\sqrt{\frac{m_i T_i}{m_e T_e}} \left(1 - eV_s / \kappa T_i \right) \right] \tag{5.79}$$

考虑到 $T_i \approx T_e$，若以质子代替离子，则式（5.79）采用泰勒展开可以简化为

$$V_s \approx -2.5\kappa T_e/e \tag{5.80}$$

航天器表面电位并不是均匀分布，而是随着材料差异（例如二次电子系数和光照条件）而有差别。目前，较成熟的表面充放电软件包括 NASCAP – 2K（如图 5.11 所示）、SPIS 和 MUSCAT。NASCAP – 2K 和 MUSCAT 有出口限制，SPIS 则是开源软件，也是我国研究人员使用较多的软件。

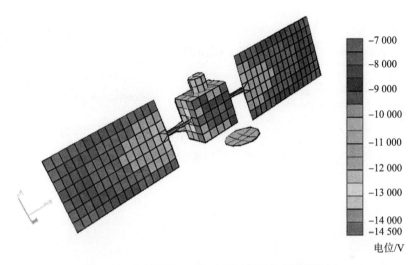

图 5.11　NASCAP – 2K 对卫星表面充电仿真结果

影响表面充电计算的因素众多，计算时间往往较长，因此算法是关键因素。以 SPIS 仿真软件为例，在等效电路模型基础上，采用 PIC 算法（Particle – in – Cell Method），引入粒子单元的概念来代表等离子体中所有粒子，这些粒子单元是速度在一定范围内特定粒子的组合，实际粒子数则取决于给定环境等离子体密度，宏观运动满足 Vlasov – Poisson 方程，如式（5.81）所示。

$$\begin{cases} m_a \dfrac{\mathrm{d}v_n}{\mathrm{d}t} = q_a(E + v_n \times B) \\[2mm] \dfrac{\mathrm{d}r_n}{\mathrm{d}t} = v_n \\[2mm] \nabla^2 \phi = -\dfrac{\rho}{\varepsilon_0} \\[2mm] E = -\nabla\phi \end{cases} \tag{5.81}$$

式中，m_a 为该粒子集体的总质量；q_a 为粒子集体的总电荷；v_n 为粒子的运动速度；E 为电场强度；B 为磁感应强度；r_n 为粒子运行距离；t 为时间；ϕ 为电势；ε_0 为真空介电常数。

等离子体中粒子的运动采用蛙跳（leap - flog）算法进行求解，即整时间点的粒子的速度由前后半个小时步长时刻的平均值给出。

$$m_n \frac{v_n^{\text{new}} - v_n^{\text{old}}}{\Delta t} = q_n (E^{\text{old}} + v_n^{\text{old}} \times B) \tag{5.82}$$

$$\frac{r_n^{\text{new}} - r_n^{\text{old}}}{\Delta t} = v_n^{\text{new}} \tag{5.83}$$

式中，$n = 1, 2, \cdots, n_{macro}$，$n_{macro}$ 为粒子单元的数目。

采用蛙跳算法计算粒子的运动方程可以提高模拟计算的精度及计算速度。在 PIC 算法中，当求解域中生成网格后，每个网格点均可视作以该网格点为中心的单元，计算中需将所以粒子单元的电荷计算到相对应的节点上。例如在平面上则将室中粒子根据其距离个节点的面积权重进行分配。在三维模型中，通常将体积作为电荷分配的权重。

$$\begin{aligned}
w_1 &= (1 - h_x)(1 - h_y) \\
w_2 &= h_x(1 - h_y) \\
w_3 &= (1 - h_x)h_y \\
w_4 &= h_x h_y
\end{aligned} \tag{5.84}$$

除等效电路模型和 PIC 方法以外，表面充电过程也可以采用粒子输运模型的方式进行计算。等离子体环境若满足各向同性的麦克斯韦分布，求解如下。

$$\nabla \cdot \vec{D} = \rho_q \tag{5.85}$$

$$\vec{E} = - \nabla V \tag{5.86}$$

式中，$\vec{D}$ 为电位移矢量；ρ_q 为电荷密度；$\vec{E}$ 为电场；V 为电势。

$$\frac{\partial n_e}{\partial t} + \nabla \cdot \vec{\Gamma_e} = R_e - (\vec{u} \cdot \nabla)n_e \tag{5.87}$$

式（5.87）为粒子输运方程。式中，n_e 为电子数密度；$\vec{u}$ 为速度矢量；R_e 为电子生成率；$\vec{\Gamma_e}$ 为电子通量矢量。

迁移电子通量矢量表达式如下。

$$\vec{\Gamma_e} = - (\mu_e \cdot \vec{E})n_e - \vec{D_e} \cdot \nabla n_e \tag{5.88}$$

式中，μ_e 为电子迁移率。

当粒子入射到表面材料，会产生二次电子发射和背散射现象，因此材料边界上满足如下方程。

$$\vec{n} \cdot \vec{\Gamma_e} = \frac{1 - r_e}{1 + r_e} \left(\frac{1}{2} v_{th} n_e \right) - \left(\sum \gamma_i (\vec{\Gamma_i} \cdot \vec{n}) + \vec{\Gamma_t} \cdot \vec{n} \right) \qquad (5.89)$$

式中，$\vec{n}$ 为法向矢量；v_{th} 为电子热运动速度；r_e 为反射系数；γ_i 为二次发射系数；$\sum \gamma_i (\vec{\Gamma_i} \cdot \vec{n})$ 为二次发射通量；$\vec{\Gamma_t} \cdot \vec{n}$ 为热发射电子通量。

电介质材料表面的充电电荷密度及充电电位满足如下方程。

$$- \vec{n} \cdot \vec{D} = \sigma_s + \frac{\varepsilon_0 \varepsilon_r}{d_s} (V_{ref} - V) \qquad (5.90)$$

$$\frac{\partial \sigma_s}{\partial t} = \vec{n} \cdot \vec{J_i} + \vec{n} \cdot \vec{J_e} \qquad (5.91)$$

式中，V_{ref} 为参考电位；σ_s 为表面电荷密度；$\vec{J_e}$ 为壁电子流密度；$\vec{J_i}$ 为壁离子流密度；ε_0 为真空介电常数；ε_r 为相对介电常数。

通过采用有限元方法对式（5.85）～式（5.91）进行求解，即可计算出航天器、太阳能电池的表面充电情况。采用图 5.11 的结果，对应得到航天器表面电位如图 5.12 所示。

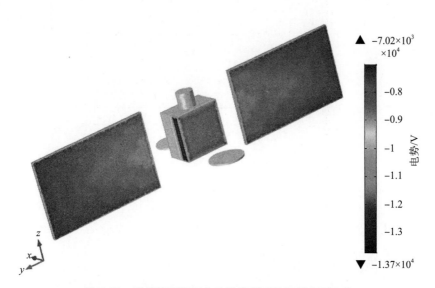

图 5.12 采用粒子输运方法计算得到航天器表面电位

当卫星表面相邻部件或单元之间，以及表面材料与背部接地之间的充电电场达到击穿场强时，将会发生放电现象。特别是太阳能电池附近发生放电现象，因为太阳能电池间隙结构较小，间隙间存在多种材料。根据其表面放电脉冲的形成时间，可以把表面材料放电现象分为一次放电和二次放电。

以太阳能电池为例（如图5.13所示），一次放电为太阳能电池表面导体或绝缘材料充电达到击穿场强时所形成的短时间闪弧式放电脉冲，此时若有其他电场激励或电流增强机制，将形成二次放电现象。二次放电现象根据放电脉冲持续时间可以分为非持续性脉冲、临时持续性脉冲和永久持续性脉冲。长时间持续性脉冲将产生大量热量，最终可能烧毁太阳能电池板，造成太阳能电池板功率明显下降，严重时会威胁到整个太阳能电池阵的安全。

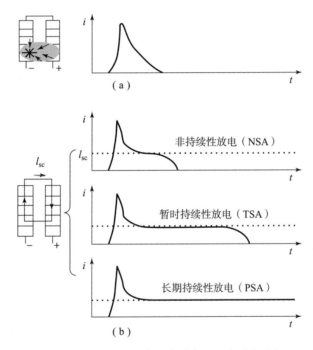

图5.13 太阳能电池的一次放电和二次放电现象

（a）一次放电；（b）二次放电

表面放电现象是在空间辐照条件下，卫星电荷积累到一定程度自然的泄放过程，在卫星在轨运行过程中几乎不可避免。而且微弱的放电现象有利于避免大量的电荷积累导致强脉冲放电现象的发生。因此，只要不影响卫星太阳能电池的正常寿命和发电功率，少量低强度的放电现象是允许的。

需避免的是低强度的一次放电现象在一定电路能量反馈作用下引起的二次放电现象。二次放电容易造成器件永久性损伤。在航天设计中应当预先评估航天器表面充电水平，对高阻绝缘材料进行接地等处理，以避免严重的放电现象发生。

参照 NASA 的航天器充放电防护手册，目前已有的表面充放电防护设计思路主要包括 5 个方面。

（1）接地处理

航天器上所有的传导元件必须连接到航天器结构地（spacecraft ground）上，可直接连通或通过电阻连接。

（2）材料处理

暴露在等离子体环境中的航天器表面材料，需具有一定的导电性或部分导电。导电表面需与航天器的结构地相连。采用具有较高二次电子发射系数的材料也可有效降低表面充电电位，降低放电风险。

（3）屏蔽

在航天器结构中，将航天器设计成法拉第笼，为航天器上的部件、线缆、电子线路等提供物理上和电气上的电磁干扰屏蔽，屏蔽笼避免有缺口或穿孔，或使缺口最小。

（4）过滤

通过设置电磁信号滤波防护，防止由放电脉冲诱导的电路翻转引起的航天器故障。所采用的滤波器应能经得起 100 V 瞬态电压峰值和 200 A 瞬态电流峰值的冲击考验。

（5）中和器

在一些特殊情况下，可通过主动控制方法降低表面充电电位。例如安装等离子体发生器，通过发射高密度等离子体云，将航天器主体与周围等离子体环境实现强制电连接，使航天器表面积累的电荷传回空间等离子体环境中，从而实现降低航天器表面充电电位、减小放电风险的目的。

5.4 习 题

1. 试推导等离子体中电子的自振荡频率。

2. 计算麦克斯韦分布下温度为 T 的等离子体中电子的平均运动速度。

3. 电离层的形成包括哪些物理过程？阐述 Chapmann 层的形成机理。

4. 采用 IRI 模型计算不同地点和时间下 50～1 000 km 电子密度随高度的变化规律，并分析其原因。

5. LEO 与 GEO 等离子体环境的主要差别是什么？它们分别受到哪些因素的影响？

6. 阐述无线电在电离层的反射机理。如何探测电离层的电子密度？

7. 对比计算 1GHz 和 10GHz 卫星通信条件下的导航定位误差。

8. 简要分析表面充电现象的形成原因及影响因素。

9. 表面充电过程中光电子与二次电子的区别是什么？试分别计算它们的量级大小。

10. GEO 表面充电现象通常比 LEO 要严重，其主要原因是什么？分别计算两个轨道的表面电位与等离子体密度、温度的近似关系。

第 6 章

高能粒子辐射环境

本章主要介绍空间中各类辐射环境及其效应，以及辐射对人体的影响。空间辐射环境中诱发的总剂量、单粒子、深层充电等效应导致航天器故障占总故障率30%以上。因此，空间辐射是航天器设计和运行过程中必须重点关注的问题，特别是在关键芯片的选型及航天器屏蔽结构设计等环节。本章首先介绍了辐射物理的基本概念，其次阐述了空间高能粒子辐射环境的主要组成，最后简要分析几种主要的空间辐射效应及其对人体的影响。

6.1 高能粒子与物质相互作用

6.1.1 光子与物质的作用

空间中高能粒子能量高、种类多而且能谱范围宽，根据其带电情况及质量大小可以分为光子、电子、离子、中子等。近地空间辐射粒子的来源主要包括银河宇宙线、太阳宇宙线和地球辐射带。这些高能粒子对航天器材料和器件的作用被称为辐射效应，我们通常采用辐射物理学的概念来描述其特征。

光子与物质相互作用过程主要包括三种：光电子效应、康普顿散射和电子对效应。此外，光子与物质相互作用还包括瑞利散射、汤姆逊散射和光子－核子反应等，这里集中介绍前三种相互作用过程。

光电子效应是指光子与原子相互作用，激发原子的内壳层电子，使电子脱离原子的束缚而出逃，如图 6.1 所示。光子的能量转移给所激发的电子，一部分能量转化为电子的束缚能，另一部分转化为电子的动能。出逃电子的空位由高能量位的电子跃迁填充，此时将产生特征 X 射线。

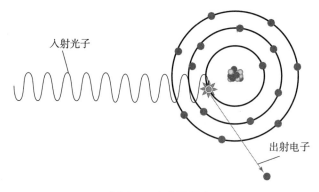

图6.1　光电子效应

　　光电子效应在大于原子束缚能量的低能段光子中更容易发生，而一些高原子数和高密度的材料也较容易产生。因此，铅、钨等材料广泛应用于 X 射线和 γ 射线的屏蔽。

　　在康普顿散射过程中，光子将能量转移给原子的外层电子。此时原子对外层电子的束缚能量十分微弱，光子损失部分能量，其运动方向发生偏折，而外层电子将脱离原子的束缚成为自由电子，如图6.2所示。

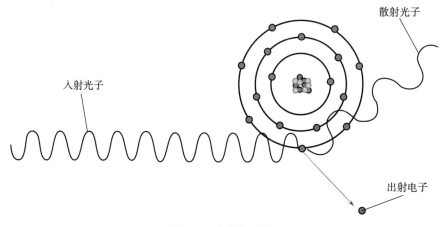

图6.2　康普顿散射

　　散射光子的能量可以通过式（6.1）计算。散射光子的能量与散射角 θ 相关，散射角 θ 越小则光子损失的能量越少。以 1 MeV 光子入射为例，当散射角为10°时，散射光子能量为 0.97 MeV，而当散射角为180°时，散射光子能量仅有 0.20 MeV。

$$E'_\gamma = \frac{E_\gamma}{1 + \dfrac{E_\gamma}{511}(1 - \cos\theta)} \tag{6.1}$$

康普顿散射在所有能量光子和所有材料中均可发生，它是光子与物质相互作用中最容易出现的效应。大多数高能量的光子其散射角很小，但低能光子的康普顿散射角通常较大。

光子与物质相互作用还包括电子对效应、瑞利散射、汤姆逊散射等。由于光子的能量不同，它们发生各类反应的概率也不完全相同。通常我们采用反应截面来描述光子与物质发生相互作用的概率。以光子对铅的作用为例，不同能量的光子发生各类反应的截面如图6.3所示。

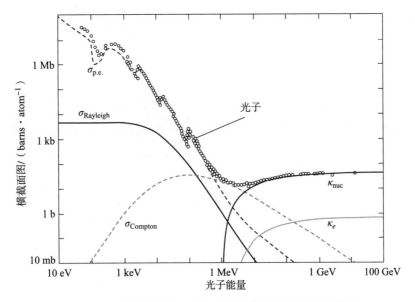

图6.3 不同能量的光子对铅的作用发生各类反应的截面

一束光线入射到材料内部时，将被吸收和散射，其能量随着入射距离的增加不断衰减。假设表面材料入射光束的能量为 $E(0)$，x 深度的光束能量为 $E(x)$，则有

$$E(x) = E(0) + \Delta E \tag{6.2}$$

式中，ΔE 为减少的能量，为单位距离衰减的能量 $dE(x)$ 积分。

$dE(x)$ 为单位距离所减少的能量，可以表示为

$$dE(x) = -\mu^{-1}(x)E(x)dx \tag{6.3}$$

式中，$\mu(x)$ 为衰减系数。

由式（6.3）可以得到

$$E(x) = E(0)\exp\left(-\int_0^x \frac{\mathrm{d}x}{\mu(x)}\right) \tag{6.4}$$

如果衰减系数 $\mu(x)$ 与距离 x 无关，则式（6.4）可以简化为

$$E(x) = E(0)e^{-(x/\mu)} \tag{6.5}$$

由式（6.5）我们可以定义光束的透射率 $\tau(x)$ 和吸收率 $A(x)$ 为

$$\tau = \frac{E(x)}{E(0)} \tag{6.6}$$

$$A(x) = \log_{10}\frac{E(0)}{E(x)} = -\log_{10}\tau(x) \tag{6.7}$$

光束的透射率 $\tau(x)$ 代表光束穿透物质的能力，而吸收率 $A(x)$ 代表材料对光束的吸收能力。当透射率 $\tau(x)$ 为 1 时，吸收率 $A(x)$ 为 0，代表光束完全穿透物质，这在实际情况中是难以发生的。

6.1.2　带电粒子与物质的作用

在空间辐射环境中，带电粒子通常包括电子、质子、α 粒子、重离子等。带电粒子与物质相互作用的能量损失过程包括卢瑟福散射和核反应两种，它们产生电离能损失和碰撞能损失。其电离作用导致单位距离上的能量损失，可以采用 Bethe – Bloch 公式描述为

$$-\frac{\mathrm{d}E}{\mathrm{d}x} = \frac{4\pi e^4}{c^2 m_e}\frac{N_\mathrm{A}Z}{A}\frac{1}{\beta^2}\left(\frac{1}{2}\ln\frac{2m_e c^2\beta^2\gamma^2 T_{\max}}{I^2} - \beta^2 - \frac{\delta}{2} - \frac{C}{Z}\right) \tag{6.8}$$

式中，$\dfrac{\mathrm{d}E}{\mathrm{d}x}$ 为单位距离上电离能损失；N_A 为阿伏加德罗常数；ρ 为材料密度；Z 为核电荷数；A 为目标材料质量数；β 为电子速度与光速的比值；$T_{\max}$ 为最大转换动能；I 为材料电离能；最后两项为密度修正和电子壳层能量修正项。

式（6.8）也称为阻止本领，在计算空间带电粒子对航天器材料相互作用时较为复杂，因此需采用更为简洁的物理量来描述。通常我们采用线性能量损失（Linear Energy Loss，LET）来描述粒子在物质中的能量传输情况，线性能量损失是指带电粒子在入射的介质中单位距离所积累的能量，在忽略粒子碰撞能量损失后，LET 值近似等于阻止本领。

$$LET \approx -\frac{\mathrm{d}E}{\mathrm{d}x} \tag{6.9}$$

LET 值不仅与目标材料相关，而且与入射粒子的种类及能量相关，如图 6.4 所

示。通常来说，带电粒子的电荷数越大，其 *LET* 值越高。不过 *LET* 值仅描述了沿带电粒子轨迹上能量损失的大小，并没有说明微观尺度上能量损失差异的大小，此外也没有说明带电粒子轨迹的直径大小。当研究的微观尺度小于 μm 量级时，能量积累的统计涨落使 *LET* 值失去原先的意义。

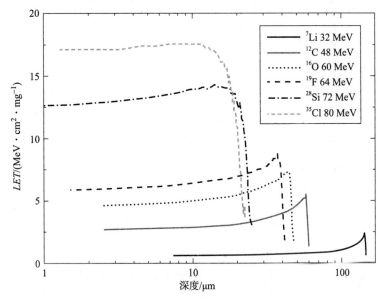

图 6.4　不同能量粒子在不同距离的 *LET* 值

带电粒子在入射材料中消耗完自身的动能后，将积累在材料中。带电粒子入射的最大距离称为射程（电子在空气中的射程如图 6.5 所示），一般用 *R* 来表示，可以通过阻止本领进行积分计算为

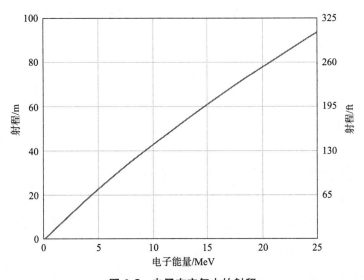

图 6.5　电子在空气中的射程

$$R = \int_0^{E_{\max}} -\frac{\mathrm{d}x}{\mathrm{d}E}\mathrm{d}E \tag{6.10}$$

带电粒子射程与入射粒子的种类、能量和入射材料的密度、材料组成等均相关。一般来说，带电粒子射程要比相同能量的质子或 α 粒子远。不过由于带电粒子质量小，在材料内的入射方向通常为簇状入射，即大量带电粒子无法达到最大射程，部分带电粒子运动方向甚至与初始入射方向呈90°。

在空间辐射效应评估中，有一个重要的物理量为剂量。剂量是指入射粒子在单位质量的物质上积累的能量。通常我们采用 D 来表示剂量为

$$D = \frac{\mathrm{d}E}{\mathrm{d}m} = \frac{\mathrm{d}E}{\rho\mathrm{d}x\mathrm{d}A} = \frac{1}{\rho\mathrm{d}A}\frac{\mathrm{d}E}{\mathrm{d}x} = -\frac{S}{\rho\mathrm{d}A} \tag{6.11}$$

剂量的单位为 J/kg，我们一般采用戈瑞（Gy）来表示为

$$1\ \text{Gy} = 1\ \text{J/kg} \tag{6.12}$$

戈瑞是一个比较大的物理量，有时为了方便描述较小的剂量，我们采用拉德（rad）来表示，1 Gy 相当于 100 rad。

同时，为了描述粒子在入射对象积累能量的快慢，我们采用剂量率 $\dot{D}$ 来表征为

$$\dot{D} = \frac{\mathrm{d}D}{\mathrm{d}t} \tag{6.13}$$

剂量率的单位为 Gy/h，剂量率表征了空间辐射的强弱。器件和材料所呈现的辐射效应与剂量率相关。对于物质而言，接受的剂量率越大，其呈现的物质辐射损伤越严重。

6.2　高能粒子辐射环境

6.2.1　宇宙线

宇宙线由奥地利科学家 Victor Hess 发现。1936 年，Victor Hess 因此而获得了诺贝尔奖。宇宙线由来自外空间的高能带电粒子组成，并以光速在宇宙空间中穿行，它可分为银河系宇宙线和太阳宇宙线。宇宙线的粒子组成大致为 89% 左右的质子，10% 左右的氦核及 1% 左右的重离子。

银河宇宙线（Galaxy Cosmic Rays，GCR）来源于太阳系之外的银河系，主要

是一些原子核。作为近地空间的高能粒子主要来源之一，其粒子能量可以高达 10^{20} eV。银河宇宙线在空间中分布是单一和各向同性的，受到太阳风调制，其在太阳活动低年时密度较高，在太阳活动高年密度较小，它的成分类似早期地球和太阳的组成成分。银河宇宙线的能谱如图 6.6 所示。

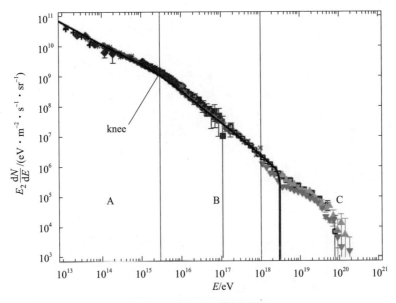

图 6.6 银河宇宙线的能谱

GCR 中粒子种类囊括了质子到铀核的所有粒子，而主要由 98% 的质子和重离子与 2% 的电子和正电子组成。重离子的成分中 87% 是质子，12% 是氦离子（α 粒子），其余 1% 是锂到铀之间的各种带电重离子，相对丰度如表 6.1 所示。

表 6.1 宇宙线重离子种类及相对丰度

种类	相对丰度	种类	相对丰度	种类	相对丰度
He	44 700 ±500	Na	29 ±1.5	Ca	26 ±1.3
Li	192 ±4	Mg	203 ±3	Sc	6.3 ±0.6
Be	94 ±2.5	Al	36 ±1.5	Ti	14.4 ±0.9
B	329 ±5	Si	141 ±3	V	9.5 ±0.7
C	1 130 ±12	P	7.5 ±0.6	Cr	15.1 ±0.9
N	278 ±5	S	34 ±1.5	Mn	11.6 ±1
O	1 000	Cl	9 ±0.6	Fe	103 ±2.5
F	24 ±1.5	Ar	14.2 ±0.9	Ni	5.6 ±0.6
Ne	158 ±3	K	10.1 ±0.7	—	—

GCR 中重离子和质子的通量、剂量、剂量当量如图 6.7 所示。如图 6.7 所示，通量最大的是质子和 α 粒子，其他粒子的通量与质子相差两个数量级以上。尽管如此，其他重离子的剂量和剂量当量却与质子相差约 1 ~ 2 个数量级，尤其是铁离子，虽然通量与质子相差 3 个数量级，但剂量却达到了质子的 20% 左右。

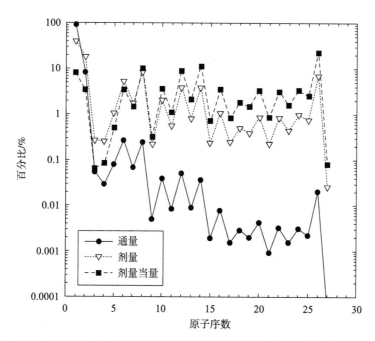

图 6.7　GCR 中粒子通量、剂量和剂量当量随原子序数分布（太阳极小年）的变化

GCR 中的粒子能谱范围很宽，有大约 $10^5 \sim 10^{20}$ eV 或更高，而它最重要的能量范围是 $10^8 \sim 10^9$ eV。在太阳系内，GCR 能谱的峰值大约在 0.1 ~ 1 GeV。在 $10^{10} \sim 10^{15}$ eV 范围内，宇宙线能谱分布大致符合指数分布。

$$\frac{\mathrm{d}N}{\mathrm{d}E} \sim E^{-2.7} \tag{6.14}$$

式中，$\dfrac{\mathrm{d}N}{\mathrm{d}E}$ 为通量密度，其单位为 m^{-2}/(Sr·s·GeV)，E 为离子能量。

GCR 在远离地磁场的自由空间中，基本上是各向同性的，而进入地磁场作用范围后，由于受到地磁场的偏转作用而显示出空间分布不均匀性和各向异性。这种地磁效应包括纬度效应、经度效应、东西不对称效应和南北不对称效应等。

此外，银河宇宙线受到太阳活动周期的调制作用。当银河宇宙线未受到太阳风的影响时，其强度可以认为是均匀与恒定的。当银河宇宙线进入日球层受到随太阳风向外活动的行星际磁场的排斥作用，GCR 的强度在低能区将明显减弱，并在太阳活动高年达到最小值。

宇宙线的代表模型为 CREME（Cosmic Ray Effects on Micro – Electronics）。CREME 模型是目前应用最广泛的，它由 Adams 等人建立。该模型是一个半经验模型。CREME 模型是将探测得到的从质子到氖离子的宇宙线微分通量与能量的数据进行拟合，具备了宇宙线成分和能谱的基本特征。但由于数据和计算条件的限制，CREME 模型有其不可忽略的缺陷。尽管如此，CREME 模型还是得到广泛的应用。

银河系宇宙线在低地球轨道由于受到地球磁场的影响，低能的粒子被屏蔽。所以在低地球轨道，GCR 主要由能量高于 1GeV 的粒子组成。如果入射的宇宙线粒子的能量足够高，则粒子可穿过磁场，进入大气层，与大气层中原子相互作用。高能宇宙线与大气层作用可以发生核反应或与电磁相互作用产生多种粒子，被称为大气簇射，如图 6.8 所示。产生的 μ 子和中子的穿透能力强，可以到达地面，到达地面的粒子环境主要为次级粒子环境。

图 6.8　大气簇射

与银河宇宙线来源不同，太阳宇宙线是太阳发生耀斑时发射出的带电粒子流，主要由 95% 左右的质子和 α 粒子组成。高能重离子相对于太阳宇宙线可以忽略，因此太阳宇宙线又称为太阳质子事件。

太阳宇宙线跟太阳耀斑爆发密切相关。由于太阳宇宙线爆发的偶然性，太阳宇宙线通量具有多变性和不可预测性。太阳宇宙线为短时间的辐射，随时间变化大，且它与银河宇宙线相比，太阳质子事件的太阳宇宙线注量非常高，可产生急性损伤。图 6.9 所示为三个不同轨道的太阳宇宙线剂量当量。越高的轨道空间，太阳宇宙线通量就越大。太阳活动以 11 年为周期，其中 7 年为活动频繁期，4 年为活动不频繁期。太阳宇宙线也受太阳活动周期影响，在高年期能量和通量都有明显提升。

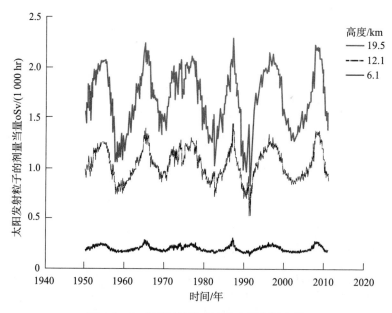

图 6.9　三个不同轨道太阳宇宙线剂量当量

描述太阳宇宙线主要有以下模型：CREME96 内嵌太阳宇宙线模型，JPL（Jet Propulsion Laboratory）模型，SOLPRO 模型等。JPL 模型描述了在 1AU 高度能量大于 10 MeV 的质子在星际空间的通量。该模型基于 1956 年到 1963 年间地表和大气层外的探测数据，以及 1963 年到 1985 年间地球附近的航天器的探测数据总结构成。SOLPRO 模型基于时间周期在 1964 年到 1972 年间（第 20 个太阳周期期间）由航天器探测到的连续数据总结构成，能计算太阳质子能量在 10 ~ 100 MeV 之间。

空间高能粒子的其他来源还包括高能粒子暴粒子，扇形磁场加速粒子及行星际弓激波加速粒子等。空间中高能粒子的分布与能量范围如表 6.2 所示。

表 6.2　空间中高能粒子的分布与能量范围

辐射粒子类型	时间尺度	空间尺度	能量范围/eV
银河宇宙线	连续型	全部空间	$10^9 \sim 10^{12}$
异常宇宙线	连续型	全部空间	$10 \sim 10^8$
太阳高能粒子	几小时到几天	局部空间	$10^3 \sim 10^8$
高能粒子暴粒子	几天	较大尺度	$10^3 \sim 10^8$
扇形磁场区粒子	27 天	大尺度	$10^3 \sim 10^8$
行星弓激波粒子	连续型	行星附近	$10^3 \sim 10^8$

　　空间中各种粒子由于来源不同，组成和丰度分布也不同，如图 6.10 所示，其中丰度为年相对值（Si 为 1 000）。在行星际空间中，除了来源于银河宇宙线和异常宇宙线的粒子分布较均匀外，其他来源的粒子分布在时间和空间上都有一定的局域性，依赖于特定的位置或事件。

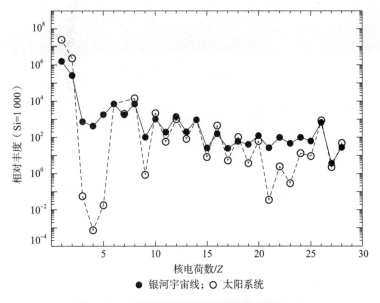

图 6.10　空间中各种粒子的组成和丰度分布

6.2.2　地球辐射带

　　早在 20 世纪初，挪威空间物理学家 F. C. M. 斯托默从理论上证明：在地球周围存在一个带电粒子捕获区，这些粒子被地球磁场俘获，束缚在离地表一定距离的高空形成一条带电粒子带。在 50 年代末 60 年代初，美国科学家范·艾伦（Van

Allen）根据"探险者"1号、3号、4号的观测资料证实了这条辐射带的存在，确定了它的结构和范围，并发现其外层还有另一条带电粒子带。于是，离地面较近的辐射带被称为内辐射带，离地面较远的辐射带被称为外辐射带，因为这条辐射带是范·艾伦最先发现的，故又被称为范·艾伦带（如图6.11所示）。

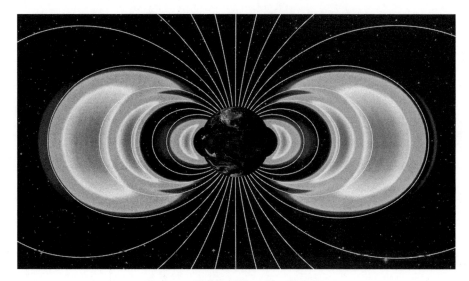

图6.11　地球辐射带（范·艾伦带）

目前，大量探测结果表明地磁场俘获辐射带粒子从500 km一直延伸至7 r_e 以外（r_e 为地球半径，约6 378 km），辐射带大致分为三个区域：内辐射带、外辐射带、质子辐射带。

内辐射带位于 $B-L$ 坐标系中 $1.0 < L < 2$ 区间，其带电粒子主要由电子、质子、氧离子及其他重离子组成。内辐射带在 $L = 1.45$ 处，能量1 MeV的电子通量达到峰值。其中，电子能量 $E_e > 0.1$ MeV 的电子通量大于 10^8 cm^{-2}/s；$E_e > 1$ MeV 的电子通量大于 10^6 cm^{-2}/s；$E_e > 2$ MeV 的电子通量大于 10^5 cm^{-2}/s。

内辐射带电子主要来源于宇宙线漫散射中子的衰减和外辐射带电子的扩散。在1 000 km 以下，电子寿命由大气标高决定。在太阳活动高年，大气标高的增加导致该区域电子寿命和平均流强减少。在1 000 km 以上和 $L = 1.6$ 以下的区域，内辐射带电子分布相对稳定，寿命在400天左右；而在 $L = 1.6$ 以上的区域，大的磁暴现象会注入能量在1.2 MeV 以上的电子。

外辐射带的范围和带电粒子分布较不稳定，典型的电子通量峰值处于 $3.5 < L < 4.0$ 区间。在大磁暴后可以观测到能量5 MeV 以上的电子，但在经历平静期一段时

间之后高能电子基本消失，电子通量的最大和最小值可以相差 5 个量级。在平静期外辐射带电子 $E_e > 0.1$ MeV，电子通量大于 10^8 cm^{-2}/s（$L = 6$）；$E_e > 1$ MeV，电子通量大于 10^7 cm^{-2}/s（$L = 5$）；$E_e > 4$ MeV，电子通量大于 10^5 cm^{-2}/s（$L = 4$）。外辐射带电子典型寿命量级在 10 天左右，它们可以沿着磁力线运动到极区 100 km 以下区域被大气层的中性粒子俘获。

在内辐射带和外辐射带中，除了电子分布占主体外，质子分布也占有相当比例。这些质子主要来源于宇宙线和漫散射中子衰减，在内辐射带分布较稳定。在 $L = 1.45$ 处，质子典型的通量包括 $E_p > 100$ MeV，质子通量大于 10^4 cm^{-2}/s；$E_p > 300$ MeV，质子通量大于 10^3 cm^{-2}/s。高能质子的寿命相对同区域内电子较长，主要是由磁层运动和大气层俘获引起衰减。

在内外辐射带中均有大量低能质子（0.5 ~ 5 MeV）存在，能量大于 100 keV 的质子通量分布如图 6.12 所示。这些低能质子来源于扩散和磁尾太阳风粒子的注入，以及太阳耀斑发射的质子。在外辐射带中，质子的典型通量分布为 $E_p > 0.1$ MeV，质子通量大于 10^8 cm^{-2}/s；$E_p > 1$ MeV，质子通量大于 10^7 cm^{-2}/s；$E_p > 5$ MeV，质子通量大于 10^5 cm^{-2}/s；$E_p > 100$ MeV，质子通量小于 10^2 cm^{-2}/s。外辐射带的质子分布受到磁暴活动的影响较少，主要是由与大气层分子碰撞及电荷交换而衰减。

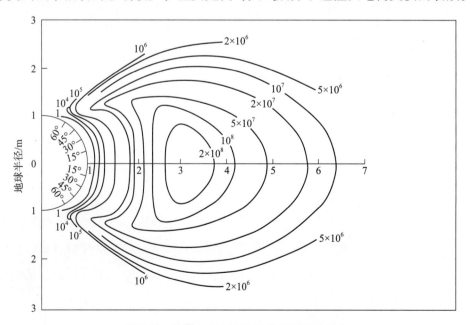

图 6.12　能量大于 100 keV 的质子通量分布

在高地球轨道，除了辐射带粒子外，还会遇到高能电子增强事件。高能电子增强事件是指外辐射带中的高能电子的一系列离散的通量增强现象。能量在数百 keV到数千 MeV 的电子通量会在数天时间内增大 2 到 3 个数量级，并持续 10 天左右，也称之为高能电子暴。

高能电子增强事件一般紧随太阳风高速流而来，图 6.13 所示给出了 GEOS－7观测到的高能电子增强事件。图 6.13 中红色的曲线是能量 ＞2 MeV 电子的日通量，蓝色曲线是 WIND 飞船测得的当时的太阳风速度。从图 6.13 中可以看出两者之间有明显的关联性，电子通量的快速增强紧随太阳风高速流到达之后。

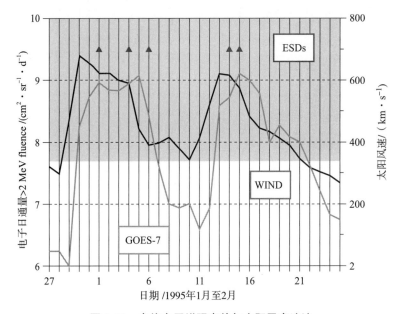

图 6.13 高能电子增强事件与太阳风高速流

太阳风高速流与出现在太阳日盘上的冕洞有关，由于冕洞的寿命一般较长，能够持续好几个太阳自转周期，因此外辐射带的电子增强事件一般都具有 27.3 天的周期性（即太阳自转周期）。这类事件被称为可重现性增强事件。

冕洞并不是高能电子增强事件唯一的驱动者，太阳随机的脉动性的爆发活动也会引发增强事件。这类事件被称为非可重现性增强事件，或突发性增强事件。许多非可重现性增强事件是由太阳质子事件（Solar Proton Event，SPE）或强物质喷发事件（CME）引起。图 6.14 为 1997 年 1 月观测到的一次典型突发性增强事件中 5 颗同步轨道卫星测得的高能电子通量。突发性增强事件发生次数较少，一个太阳活动周中大约只出现几次，但通常十分剧烈，高能电子通量一般都很高。

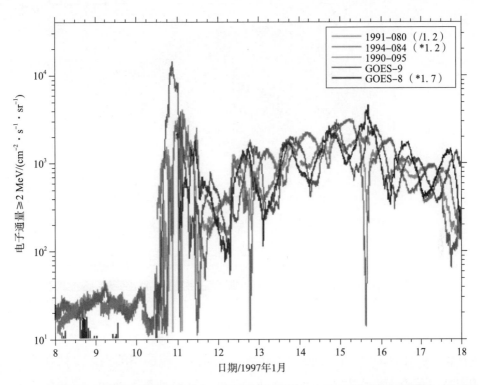

图 6.14　1997 年 1 月的突发性增强事件中 5 颗同步卫星测得 >2 MeV 的高能电子通量（见彩插）

南大西洋异常区属于内辐射带的特殊区域。由于地球电磁场和其旋转轴的偏移（ -11°），再加上地磁中心偏离地球中心（ -500 km），导致在巴西海岸外（西经100°到东经20°，南纬60°到北纬10°）有一个磁场异常区。在此区域内，辐射带向低海拔高度处发展，形成了南大西洋异常区，如图6.15所示。一般内辐射带内侧距离地表高度为1 200 ~ 1 300 km，而在此区域中的内辐射带降低到200 ~ 800 km。低地球轨道的航天器会在此区域内碰到大量内辐射带电子和质子，电子通量随着高度的增加而增加。

迄今为止，国际上建立了多个辐射带粒子模型，大致包括辐射带质子模型和辐射带电子模型两大类。根据 NASA 从发射卫星上探测到的数据，经过积累分析建立静态的辐射带模型 AP1 和 AE1，之后辐射带模型迅速发展到 AP8 和 AE8，以及最新的 AP9 与 AE9。其中 AP 为辐射带质子模型，AE 为辐射带电子模型。

AP8 和 AE8 曾经得到广泛的应用，它可分为 AP8 - MAX、AE8 - MAX 模型和AP8 - MIN、AE8 - MIN 模型，它们分别对应于太阳活动极大年和太阳活动极小年。AP8 - MAX 和 AP8 - MIN 能计算的质子能量范围为 0.1 ~ 400 MeV，AE8 - MAX 和

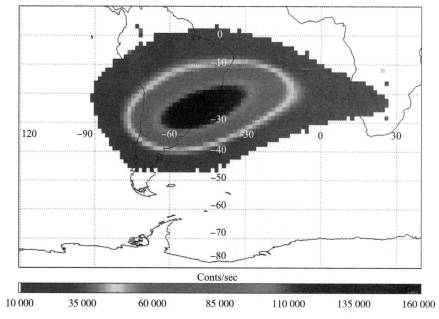

图 6.15 南大西洋异常区（**16 MeV 以上质子分布**）（见彩插）

AE8 - MIN 能计算的电子能量范围为 0.04 ~ 7 MeV。该模型的不足之处在搜集数据的卫星覆盖不全面，尚有许多空白之处；另外，该模型是平静的、静止的模型，无法反应辐射带复杂的结构细节及涨落较大的动态变化。这些不足之处使得科学家需要提出新的模型，AP9 和 AE9 正是在此基础上发展起来的。

6.3　高能粒子辐射效应

由宇宙线和地球辐射带的空间高能粒子引起的各类航天器和生物辐射效应，包括卫星的单粒子效应、位移损伤效应、总剂量效应和深层充放电效应等。这些辐射效应往往导致航天器的种种故障或异常现象，如图 6.16 所示。本节我们将简单介绍空间高能粒子辐射所带来的各类辐射效应。

6.3.1　总剂量效应

总剂量效应也被称为"总电离剂量效应"（Total Ionizing Dose，TID），它是指大量的辐射粒子进入半导体器件材料内部，与材料的原子核外层电子发生电离作用产生额外的电荷。这些电荷在器件内的氧化层堆积或者在 Si/SiO_2 交界面诱发界面态，导致半导体器件性能逐步退化，乃至最终丧失功能的现象。

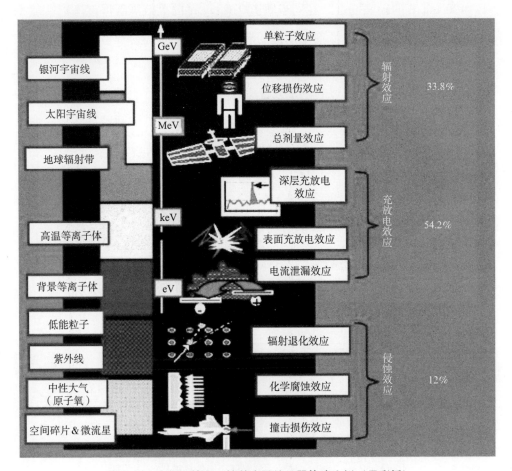

图 6.16 空间环境和环境效应及航天器故障比例（见彩插）

无论硅栅还是金属栅（MOS）器件，在栅与衬底间均有一层 50～200 nm 的 SiO_2 绝缘层，电离辐射在绝缘层中产生电子–空穴对。当栅上加正偏置时，迁移率较大的电子大量溢出。有一小部分电子与空穴复合，大部分电子通过空穴在正电场作用下向 Si/SiO_2 交界面运输。其中一部分电子被界面中 SiO_2 一侧的缺陷俘获，这种传输在时间上有很大的分散性，且是电场强度和氧化物厚度的强函数。在界面附近形成的正电荷层改变了 Si/SiO_2 交界面的电势位，必须在栅极上加负电压才能抵消界面正电荷层的影响。这就使 MOS 晶体管的阈值电压向负方向漂移，从而使 MOS 器件的所有电参数退化。

部分电子元件可以在相当低的剂量下发生老化或损伤，例如一些 CMOS 存储器，2 000 rad 辐照即可导致存储器失效，而典型 MOS 器件最大可抗辐照剂量在 10 到 20 krad 之间。在 0.35 g/cm^2 的等效屏蔽厚度下，大磁暴发生后的外辐射带可以观测到 100 rad/h 的辐照剂量。在同步轨道 0.5 g/cm² 的等效屏蔽厚度下，积累剂量可以达到 10^5 rad/a。因此，低剂量阈值的芯片若处于空间辐射环境中，极容易出现工作异常。

目前，在应用低地球轨道的电子元件中较多商业芯片行业进入航天应用。通常这些商业芯片的剂量阈值较低，需要额外进行关注。但经过适当的屏蔽后，商业芯片也可以在其寿命期间满足航天器的在轨应用需求。

6.3.2　单粒子效应

单粒子效应是由单个入射粒子引起的半导体器件的损伤效应。随着电路的集成度越来越高，半导体器件的敏感体积和工作电荷量越来越小，由辐射产生的单粒子效应发生概率也随之增加。单粒子效应的种类较多，具体如表 6.3 所示。

表 6.3　单粒子效应种类

种类	英文缩写	效应描述
单粒子翻转（扰动）	SEU	存储单元等数字电路的逻辑状态错误
单粒子锁定	SEL	寄生 PNPN 结构的导通，导致 CMOS 进入大电流再生状态
单粒子功能中断	SEFI	逻辑控制单元的单粒子翻转导致芯片正常的功能中断，其本质与单粒子翻转相同
单粒子烧毁	SEB	场效应管漏极 – 源极局部烧毁
单粒子瞬态脉冲	SET	瞬时电流脉冲在电路中传播，进而影响到下一级电路的输出，造成电路功能紊乱
单粒子位移损伤	SPDD	因位移效应造成的永久损伤
单粒子门击穿	SEGR	功率管的破坏性失效

单粒子效应与器件有关，此外还与入射粒子的线性能量转移 LET 有关。LET 定义为单位距离上入射粒子所转移的能量。以单粒子翻转为例，当入射粒子的 LET 值高时，在器件敏感体积中产生的电子 – 空穴对也变多。此时，入射粒子产生的电子 – 空穴对与电路的节点电荷信息可以相比拟，则电路节点的状态会发生改变。当这种状态发生在随机存储器时，则可使存储单元的逻辑状态发生变化。逻辑状态可以从 "1" 到 "0"，也可以从 "0" 到 "1"，即发生单粒子翻转。因此，引起单粒子效应的前提为入射粒子在材料中的 LET 值足够高。

如果空间中离子束流 $\Phi(E)$ 设置截止角度和能量，可以转换为有效离子束流强

度 $\Phi_c(E)$ ，单粒子翻转率 R 可以计算为

$$R = \int \Phi_c(E)\,\mathrm{d}\sigma(E) \tag{6.15}$$

式中， $\sigma(E)$ 为翻转截面。

翻转截面可以通过实验获取，或者采用 Weibull 函数近似为

$$\sigma = \sigma_s \{1 - \exp[-(LET - LET_0)/W]^s\} \tag{6.16}$$

式中， σ_s 为 LET_0 时的翻转截面； W 和 s 为常数。

根据计算 LET 值的式（6.8）及式（6.9），我们可以知道入射粒子的原子序数越高，所带电荷量越大，则 LET 值就越高。对宇宙空间的高能粒子辐射环境而言，高能重离子都具有引起单粒子效应的条件。重离子在穿越芯片材料时，积累的能量可以近似计算为

$$E_{see} = LET \times d \tag{6.17}$$

式中， d 为重离子穿越的距离。

若材料的电离能为 I_1 ，则重离子穿越芯片材料所产生的电荷为

$$q = \frac{E_{see}\,e}{I_1} = \frac{LET \times d \times e}{I_1} \tag{6.18}$$

式中， e 为电子电量。

[例题] 若在硅材料中一个 LET 值为 10 MeV/cm 的重离子穿越硅基芯片，求重离子在每微米距离上所产生电荷数。

解答：硅的最外层电子电离能为 3.62 eV。因此，根据式（6.18）我们可以求得单位距离上所产生电荷为

$$\frac{q}{d} = \frac{LET \times e}{I_1} = \frac{1.0 \times 10^6 \times 1.6 \times 10^{-19}}{3.62} = 4.42 \times 10^{-10}\ (\mathrm{C/\mu m}) \tag{6.19}$$

6.3.3　深层充放电效应

聚合物等绝缘介质材料由于良好的绝缘性能和机械强度，已被广泛地应用于各类航天器上。在空间高能粒子辐射环境中，带电粒子可以通过入射进入航天器外围的介质材料内部，或者穿过航天器屏蔽层在其内部的介质材料上沉积，造成入射的介质材料电位发生变化。当介质材料表面与周围其他部件之间的电位差或者表面电场超过一定阈值时，则会发生放电现象，即深层充放电效应（如图 6.17 所示）。

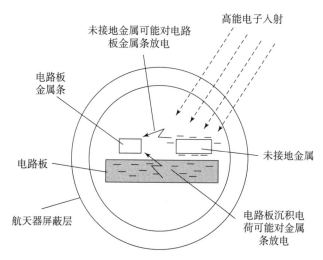

图 6. 17　航天器深层充放电效应原理

介质材料深层放电可以影响材料的绝缘性能，产生的放电脉冲会直接干扰航天器上电子仪器的正常工作，严重时会使航天器发生故障。聚合物介质材料（如聚酰亚胺薄膜等）常被应用于太阳能电池板及其他航天器部件中，这类材料的深层充放电效应的特征日益引起人们的关注。

由于深层充放电效应的在轨探测成本高，操作较为不便，所以地面模拟试验成为研究它的必要手段。目前，国外已建立了以 REEF（Realistic Electron Exposure Facility）等为代表的深层充放电模拟试验装置。REEF 深层充放电模拟装置由一个真空罐（真空度可达 10^{-5} mbar 以下）和 ^{90}Sr β 放射源及温控样品台（样品台温度 $-10\sim40\ ℃$，$\pm1\ ℃$可调）组成，装置结构如图 6. 18 所示，它可以实现对聚合物等绝缘介质材料的评估。

在过去的几十年里，已有较多物理模型被提出用于模拟聚合物介质材料在空间高能电子辐射时内部电荷与表面电位衰减的过程。目前，已建立的深层充放电模型主要有等效电路（GROSS）模型、RIC 模型和 GR 模型等。

等效电路模型是最直观的物理模型，用于模拟双面接地聚合物介质材料在电子辐射下的电场、电流与电荷分布。该模型将电子辐射材料表面为粒子进入金属电极介质的前后过程简化为 RC 电路，如图 6. 19 所示。图 6. 19 中，G 为电子枪；电子入射电流为 I_0；样品内部电子电流为 I_r；总电流为 I；样品背电极电流为 I_b；C_p 为样品表面与邻近介质间电容。根据电子在介质中的射程将样品分为电子注入区和电荷迁移区。电子注入区距离与电子射程相同。电子注入区电容 C_0 可以近似为 $C_0 = \varepsilon a/L$，

图 6.18　REEF 深层充放电模拟装置实物

ε 为介电常数，a 为样品面积，L 为电子射程，同理电子迁移区电容 $C_b = \varepsilon a/(D - L)$，$D$ 为样品厚度。

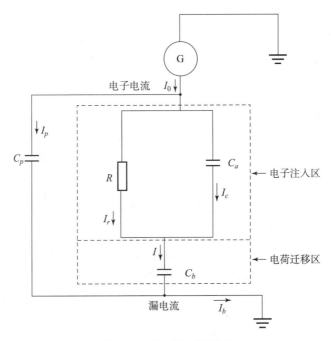

图 6.19　GROSS 模型示意

在电子辐射期间由于受到辐射感应电导率的影响，电子注入区电阻 R 近似为

$$R = L/(a\sigma_{ric}) \tag{6.20}$$

式中，σ_{ric} 为辐射感应电导率。

采用电子入射束流强度表示为

$$\sigma_{ric} = k_r \left(\frac{I_0 E \times 10^5}{aL\rho} \right)^{\Delta} \tag{6.21}$$

式中，k_r 为复合系数；E 为以电子伏为单位的入射电子能量；ρ 为材料密度；Δ 为 $0.5 \sim 1$ 取值的常数。样品内部电荷随辐射时间延长在不断积累和泄放，最终会达到一个平衡状态。结合电路方程可以算出电位平衡时间常数 τ 及累积电荷 q 分别为

$$\tau = \frac{\varepsilon D}{\sigma_{ric}(D - L)} \tag{6.22}$$

$$q = I_0 \tau \tag{6.23}$$

对于单面接地的聚合物绝缘介质材料，在忽略介质表面电荷泄漏和载流子扩散条件的情况下，描述电子辐射下聚合物介质内部电荷一维传输过程的 RIC 模型为

$$\varepsilon \frac{\partial E}{\partial x} = -\rho_F - \rho_T \tag{6.24}$$

$$\frac{\partial(\rho_F + \rho_T)}{\partial t} = -\frac{\partial J_0}{\partial x} + \frac{\partial(\mu\rho_F E)}{\partial x} + \frac{\partial(\sigma_{ric} E)}{\partial x} \tag{6.25}$$

$$\frac{\partial \rho_F}{\partial t} = \frac{\rho_F}{\tau_T} \left(1 - \frac{\rho_T}{\rho_m} \right) \tag{6.26}$$

式中，E 为电场强度；ρ_F 为自由电荷密度；ρ_T 为束缚电荷密度；σ_{ric} 为辐射感应电导率。它们均为时间和空间分布函数。ε 为介电常数；J_0 为入射电子在介质内积累电流的空间分布函数；μ 为迁移率；τ_T 为电荷平均束缚时间；ρ_m 为材料空穴密度与电子电量的乘积。

RIC 模型忽略了电离产生正负电荷的影响，而将其归结为辐射感应电导率。在已知 J_0、σ_{ric}、ε、μ、τ_T 及 ρ_m 等参数的条件下，RIC 模型可以求解材料内电场强度 E，自由电荷密度 ρ_F 和束缚电荷密度 ρ_T 随时间变化的分布函数。但由于 RIC 模型未考虑由束缚电荷 ρ_T 的释放而引起自由电荷 ρ_F 的变化过程，同时忽略了迁移电流的影响，因此物理上仅是一个近似模型。

当辐射截止后，介质样品内部电荷的泄放类似 RC 电路的泄放过程，其方程为

$$\frac{\partial E(x,t)}{\partial x} = \frac{q(x,t)}{\varepsilon} \tag{6.27}$$

$$\frac{\partial q(x,t)}{\partial t} + \frac{\partial J(x,t)}{\partial x} = 0 \qquad (6.28)$$

$$J(x,t) = \frac{E(x,t)}{\rho} \qquad (6.29)$$

式中, $q(x,t)$ 为电荷密度; $J(x,t)$ 为内部电流密度; ε 为样品介电常数; ρ 为样品平均电阻率。

结合单面接地介质的边界条件求解式（6.27）~式（6.29）可得

$$q(x,t) = q(x,0)\exp(-t/\rho\varepsilon) \qquad (6.30)$$

$$E(x,t) = E(x,0)\exp(-t/\rho\varepsilon) \qquad (6.31)$$

$$V(t) = V(0)\exp(-t/\rho\varepsilon) \qquad (6.32)$$

式中, $V(t)$ 为介质表面电位。

由式（6.32）可知样品表面电位也呈指数形式衰减，衰减时间常数 $\tau = \rho\varepsilon$。在辐照截止后，通过测量介质材料表面电位的衰减时间常数 τ，结合 ε 值即可求得介质的电阻率 ρ。

采用表面电位衰减方法测量得到的电阻率更符合空间中实际发生的情况。介质电阻率越高越不利沉积电荷的泄放。若采用传统方法测量得到的电阻率来评估航天器介质材料表面的深层充放电过程，将低估介质材料中的沉积电荷与衰减时间，进而可能低估了放电风险而造成不必要的损失。

6.3.4　位移损伤效应

位移损伤效应是高能粒子通过碰撞导致材料中的原子离开原晶格位置，转移到别的位置上的一种辐射效应（如图 6.20 所示）。高能粒子或高能辐射造成的次级粒子，与物质晶格的原子核发生弹性碰撞，将其中一部分能量传递给晶格原子。当传递能量大于晶格原子的离位阈能值时，晶格原子获得动能将离开

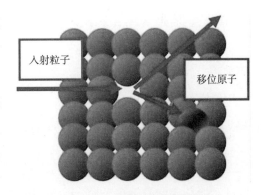

图 6.20　位移损伤效应原理

原来位置，转移到别的位置上而成为间隙原子，原来的晶格位置失去一个原子形成空位。空位可与相邻原子相结合，也可与空位相结合，形成复合体。位移损伤效应

使材料晶格产生了缺陷或缺陷群，将导致材料电化学性能发生变化。

在上述过程中，位移损伤效应与入射粒子的非电离能量损失（not Ionizaiton Energy Loss，NIEL）相关。入射粒子在材料中输运时与材料靶原子直接作用，可能使靶原子核外电子激发、靶原子核激发、靶原子核移位或与靶原子核发生核反应，以及导致剩余核激发等过程。并不是所有的非电离碰撞过程都会引起器件损伤。在非电离碰撞过程中，只有使靶原子核产生位移的那部分能量对器件起损伤作用。因此，把能够使靶原子核发生移位的初始粒子的这部分能量损失称为非电离能量损失，也就是通常我们所说的 NEIL。

在 NIEL 过程中，原子移位将产生位移缺陷，从而导致器件损伤。由于粒子的类型或者能量不同，所以粒子与材料相互作用的非电离碰撞物理过程不同，形成的位移缺陷类型也不同。在半导体材料中，位移缺陷一般分为三类：空位缺陷、氧空位缺陷、替位杂质空位缺陷。其中，最值得关注的是电活性缺陷，因为这类缺陷才会对材料的电性能产生影响。

低能量位移损伤作用在初始过程中生成的只能是单空穴、双空穴或杂质空位对等简单缺陷。当粒子能量很高时，通过级联碰撞形成局部缺陷团簇（这些缺陷团簇内部初始缺陷的类型还是简单缺陷）。局部缺陷团内缺陷密度很高，位场发生了改变，缺陷团退火，空位从阶梯的简单缺陷中释放出来，形成密度很高的自由空位"云"。然后，它们重新结合，组成新的、具有长链结构、更为稳定的复杂缺陷团簇。无论结合成哪种缺陷类型，都会使原来的晶格场发生偏离和畸变，形成缺陷能级。因此，辐射产生的位移缺陷，会影响半导体材料的电参数。

若辐射致使半导体内多子（载流子）密度减小，通常用单位缺陷密度除以多子密度的变化来表征载流子的去除率，对已 N 型材料的电子的去除率表示如下。

$$\frac{\Delta n}{\Delta N_T} = -A\Big[1 - \exp\Big(\frac{E_T}{E_F}\Big)\Big] \tag{6.33}$$

式中，$\dfrac{\Delta n}{\Delta N_T}$ 为多子密度的变化，负号表示多子密度减少；A 为比例系数；N_T 为缺陷密度；ΔN_T 为缺陷密度变化；E_T 为表征缺陷类型的特征能量，称为缺陷能级；E_F 为主要与材料掺杂密度有关的特征量，称为费米能级。

非电离能损的计算方法包括两种方法：解析法和蒙特卡罗方法。解析法是从 NIEL 碰撞方式的角度出发，考虑每一个相互作用产生反冲核的微分截面。假设能量为 T_0 的初始粒子与靶材料相互作用后，产生能量为 T 的反冲核，所有能量为 T

的反冲核对 NIEL 的贡献可表示为

$$NIEL(T_0) = \frac{N_A}{A} \int_{\min}^{\max} q(T)\, T \left(\frac{d\sigma}{dT}\right) T_0\, dT \tag{6.34}$$

$$T_{\max} = \frac{4T_0 A A_1}{(A + A_1)^2} \tag{6.35}$$

式中，N_A 为阿伏加德罗常数；A 为靶核的原子序数；A_1 为入射粒子与靶核相互作用后产生的反冲核原子序数。

当 $T_{\min} = 2T_d$，这里 T_d 是靶核的阈能值。$q(T)$ 为在某一次碰撞后获得能量为 T 的原子核产生位移损伤大小的配分函数。当 T 小于反冲核阈能值时，设置为 0。$\frac{d\sigma}{dT}$ 是能量为 T_0 的初始粒子产生能量为 T 反冲核的偏微分截面。

通过式（6.34）和式（6.35），结合相关参数，可以对位移损伤效应的情况进行初步评估。在航天器系统中，受位移损伤效应影响最严重的是太阳能电池。构成太阳能电池的半导体材料在入射粒子的非电离碰撞过程后产生缺陷，造成电池输出功率衰退，如图 6.21 所示。这些入射粒子包括地球辐射带高能质子及太阳宇宙线质子等。

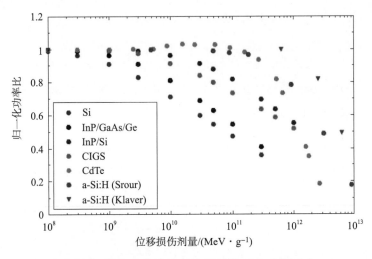

图 6.21　太阳能电池输出功率比随 NIEL 剂量变化

6.3.5　生物辐射效应

空间辐射的另一个效应是生物辐射效应。生物辐射效应是指在一定条件下，射线作用于生物机体后，从机体吸收辐射能量开始，引起机体电离或激发，引发体内的各种变化及其转归，使机体中生物大分子（如蛋白质分子，脱氧核糖核酸分子和酶）的结构破坏，进一步影响机体内组织或器官的正常功能，严重时导致机体死亡，如图 6.22 所示。

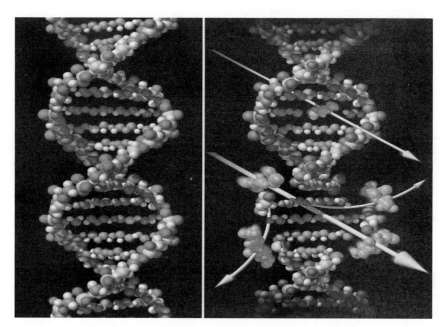

图 6.22　生物辐射效应导致 DNA 键被破坏（见彩插）

在航天任务中，大部分的有效载荷和宇航员的作业时间都在航天器内部，与他们相关的是航天器的内部辐射环境。航天器的内部环境可视为初级辐射和次级辐射的叠加环境。当粒子与舱壁作用时，其能量足够高，这些粒子将很可能穿透舱壁成为内部环境的一部分。此外，粒子与舱壁材料、屏蔽材料等作用过程中，通过电离、激发、核反应等产生次级粒子。而这些次级粒子也可能穿过舱壁成为内部环境的另一部分，这被称为次级粒子环境。

粒子可以通过直接作用和间接作用两种方式作用生物机体。直接作用是粒子直接作用于机体内具有生物活性的大分子（如核酸分子、蛋白质分子等），使其发生电离、激发或化学键断裂，造成分子结构和性质的改变。间接作用是粒子首先引起机体内水分子的电离和激发，然后生成一系列性质活泼的产物（如 H 键、OH 键、HO_2 键、H_2O_2、e_{aq}^{-1} 等），此类产物具有很强的氧化能力，可导致生物大分子的损伤。

生物辐射效应的大小与线性能量传输 *LET* 值密切相关。从 1970 年至今，各个

国家的科学家对 *LET* 值与生物辐射效应（如细胞死亡、染色体变异、组织损伤等）之间的关系开展了研究工作。研究结果表明：哺乳动物的细胞生物辐射效应随 *LET* 值的增大而增加，当 *LET* 值达到 100～200 keV/μm 范围内最大，之后将随 *LET* 值的增大而下降。

为衡量生物辐射效应强度，通常采用吸收剂量和等效剂量。吸收剂量是单位质量吸收的辐射能量，其定义为

$$D = \frac{\mathrm{d}E}{\mathrm{d}m} \tag{6.36}$$

式中，E 为入射能量；m 为受辐射的质量。

剂量的单位为 J/kg，单位为戈瑞（Gy），即

$$1\ \mathrm{Gy} = 1\ \mathrm{J/kg} = 100\ \mathrm{rad} \tag{6.37}$$

考虑到机体器官耐受辐射粒子种类的不同，在吸收剂量前乘以不同的系数，可以得到等效剂量为

$$H_R = W_R \cdot D \tag{6.38}$$

式中，H_R 为等效剂量；W_R 为等效系数，随辐射粒子种类和能量变化。

以光子和电子入射为例，$W_R \approx 1$。而对于中子入射，$W_R = 5 \sim 20$。等效剂量 H_T 的单位为 Sv，其量纲与 J/kg 相同，但专用于表征等效剂量。

等效剂量与线性能量传输的定义相近，采用质量因子 Q 代表等效剂量与 *LET* 值的关系，根据 NASA 的 NCRP – 132 报告有

$$Q = 1.0 \qquad\qquad LET < 10 \tag{6.39}$$

$$Q = 0.32\,LET - 2.2 \qquad 10 \leqslant LET < 100 \tag{6.40}$$

$$Q = 300\,LET^{-0.5} \qquad\quad LET > 100 \tag{6.41}$$

由式（6.36）～式（6.37）可以求得等效剂量 H_R 为

$$H_R = \int Q(L)L\mathrm{d}L \tag{6.42}$$

式中，L 为 *LET* 值，单位为 keV/μm。

针对人体受到生物辐射效应的评估，由于不同器官耐受辐射剂量不同，因此通常采用有效剂量的概念。有效剂量是在等效剂量的基础上乘以系数 W_T，进行累加后得到人体辐射有效剂量为

$$H_T = \sum_T W_T H_R \tag{6.43}$$

式中，有效剂量 H_T 的单位为 Sv，其系数 W_T 根据不同的模型取不同值，如表 6.4 所示。

表 6.4　人体不同器官的 W_T 系数

器官	ICRP – 26	ICRP – 60	ICRP – 2005
结肠	—	0.12	0.12
性腺	0.25	0.20	0.05
骨髓	0.12	0.12	0.12
肺	0.12	0.12	0.12
胃	—	0.12	0.12
膀胱	—	0.05	0.05
乳房	0.15	0.05	0.12
肝脏	—	0.05	0.05
皮肤	—	0.01	0.01
甲状腺	0.03	0.05	0.05
食道	—	0.05	0.05
骨架	0.03	0.01	0.01
大脑	—	—	0.01
肾	—	—	0.01
唾液腺	—	—	0.01
其余部位	0.30	0.05	0.10
总计	1.0	1.0	1.0

生物辐射效应与剂量效应的关系可分为确定性效应与随机性效应。确定性效应（Deterministic effect）是指生物辐射效应的严重程度取决于剂量效应的大小。确定性效应有一个明确的剂量阈值，在阈值以下机体不会见到有害效应，例如放射性皮肤损伤、生育障碍等。随机性效应（Stochastic effect）是指生物辐射效应的发生概率（而非严重程度）与剂量效应相关，不存在剂量的阈值，例如致癌效应和遗传效应等。

此外，根据效应发生的具体机体，生物辐射效应可分为躯体效应和遗传效应。躯体效应是指辐射直接照射到机体本身诱发出的各种效应（例如癌症），它是生物机体的体细胞受到辐射后产生的后果，因而不具有遗传性，受影响的只是受到辐射的机体本身。在辐射防护中提到的生物辐射效应，多指躯体效应。遗传效应是某个生物机体在受到电离辐射照射时其体细胞也受到辐射，而且受辐射的体细胞内已产生了突变的基因。

对宇航员而言，空间中辐射剂量效应主要是由宇宙线造成的，在不同的空间位置受到的等效辐射剂量效应有明显差别，如表 6.5 所示。由于宇航员每年的剂量阈值有所限制，对宇航员的辐射剂量防护必须进行预先评估和有效防护。

表 6.5　不同的空间位置宇宙线等效辐射剂量率

位置	等效剂量率/ $(mSv \cdot a^{-1})$	位置	等效剂量率/ $(mSv \cdot a^{-1})$
地球表面	-3	火星转移轨道	672
国际空间站内	183	月球表面（宇航服内）	354
穿越辐射带	<10	月球表面（月面站）	310
行星际空间（宇航服内）	850	火星表面（宇航服内）	330
行星际空间（3.7 cm 铝屏蔽）	600	火星表面（地面站）	260

6.4　习　　题

1. 假设厚度为 1 mm 材料的透射率为 0.1，计算其衰减系数及吸收率。

2. 阐述粒子射程、线性能量损失、剂量及剂量率的关系。

3. 太阳周期对银河宇宙线有什么影响？它们的作用机制分别是什么？

4. 简述空间高能粒子的来源及空间分布特征。

5. 地球辐射带是如何形成的？它的主要特征包括哪些？

6. 简述总剂量效应与单粒子效应的形成机制与区别。

7. 单粒子翻转概率是如何计算的？它与 LET 值有什么关系？

8. 辐射诱发电导率是如何产生的？它与哪些量相关？

9. 假设材料电阻率为 $10^{18} \Omega \cdot m$，介电常数为 3.42，试计算辐照截止时，其表面电位的衰减时间常数。

10. 辐射对人体有哪些影响？如何进行有效防护？

第 7 章

微流星与空间碎片环境

行星际空间除了充满各类宇宙线辐射以外，还存在大量小行星和尘埃等物质，这些物质来源于太阳系早期形成过程。在地球的运行轨道上，避免不了与它们接触，它们进入地球大气层后，形成流星或微流星现象。每天大约有几百吨尘埃物质落在地球上空，大部分尘埃都被大气层烧蚀了，只有极少量的流星到达地面形成陨石。

在地球上空的微流星可以对航天器造成撞击伤害。此外，人类在航天活动中残留于轨道上的空间碎片也同样存在威胁，如何有效地清除空间碎片，避免航天器受到撞击伤害，已成为当前航天活动的重要议题。本章介绍了小行星和微流星的基本知识，以及空间碎片的成因、分布及撞击概率计算方法。

7.1　小行星与微流星

7.1.1　小行星的分类

1801 年，第一颗小行星 Ceres 谷神星被 Giuseppe Piazzi 发现，目前人们已经发现了 50 万颗以上小行星，其中命名的小行星有 2 000 多颗。每一年有几千颗新发现的小行星，目前已知的直径大于 200 km 的小行星有 26 颗。大约 99% 直径大于 100 km 的小行星已被发现，而直径 10～100 km 的小行星仍有大半未被观测到。大部分小行星处于火星和木星之间的小行星带上，有科学家认为这些小行星是一颗质量小于月球的行星破碎而形成。

通常把小行星分为 4 类：C 类小行星，也被称为碳质小行星，它的表面反照率低（＜0.3），类似碳质球粒陨石，目前人们发现的 75% 以上小行星均属于这个类别；S类小行星，也被称为硅酸盐质小行星，它的表面发照率较高（0.1～0.2），由Fe、Ni和Mg等硅酸盐组成，大约占到目前人们发现的小行星总量的17%；M类小行星，也被称为金属质小行星，它的表面反照率高（0.1～0.2），由Ni、Fe等组成；其他类型小行星，除了上述类型小行星，剩下的小行星数量十分稀少。

现有观测发现，观测到的C类小行星数量最多，但由于表面反照率低也最难探测。此外，根据小行星在太阳系中的位置，它们也可以被分为主带小行星，位置在火星和木星的小行星带上，主带小行星受到木星引力作用，会出现部分区域的空隙带，也被称为Kirkwood gaps；近地小行星（Near-Earth Asteroid，NEA），这类小行星可以十分接近地球，对人类及地球生物的生存存在一定威胁；特洛伊小行星（Trojans），此类小行星主要在木星的拉格朗日轨道上，即木星轨道面前后大约60°的位置；半人马小行星（Centaurs），外太阳系小行星，例如在土星和天王星之间的喀戎星。

在上述小行星中，对地球有潜在危险的小行星（Potentially Hazardous Asteroid，PHA）是我们重点观测的对象。它的定义为距离地球最近距离≤ 0.5 AU；绝对星等≥ 22。

大多数小行星的反照率是未知的，因此可以假设为0.05～0.25。换句话说，小行星如果不能靠近地球748万千米，或者特征尺寸小于150 m，都不被认为是对地球存在潜在危险的小行星。由于受太阳系行星多体运动的引力干扰，PHA可能改变它们的轨道，而其他位置的小行星也可能轨道发生变化对地球产生新的危胁。

科学家对小行星感兴趣的原因在于，它们保留了早期太阳系形成（约46亿年前）的信息。在早期内行星的形成过程中，大量的小行星通过相互撞击融合，形成了水星、金星、地球和火星等。因此，探测小行星上面的物质，有可能发现早期太阳系形成过程中的物理和化学特征。

近地小行星的轨道描述参数包括近日点距离q，远日点距离Q，半长轴a等，由此可以把它们划分为Atens、Apollos、Amors等类型，如表7.1所示。

表7.1 近地小行星的分类

类型	定义
NECs	$q < 1.3$ AU，$P < 200$ a
NEAs	$q < 1.3$ AU

续表

类型	定义
Atens	$a < 1.0$ AU, $Q > 0.983$ AU
Apollos	$a > 1.0$ AU, $q < 1.017$ AU
Amors	$a > 1.0$ AU, $1.017 < q < 1.3$ AU
PHAs	MOID $\leqslant 0.05$ AU, H $\geqslant 22.0$ AU

早在 6 500 万年前白垩纪至第三纪，一次小行星撞击事件造成了全球生物大灭绝。希克苏鲁伯陨石坑被认为是这次撞击事件的产物。这次小行星撞击事件的能量相当于 $4 \times 10^{14} \sim 4 \times 10^{15}$ t TNT。对这类撞击事件的研究表明，该撞击发生的概率大约为 1.25×10^{-9} a/次，即约 8 000 多万年一次，相比每 2 500 万年发生一次的生物大灭绝事件，其概率已经低了很多。

当小行星入射到地球时，它将在穿越地球大气层时剧烈燃烧，残余物撞击到地面，造成的后果包括撞击坑、地震和海啸。直径 200 m 以下碳质或硅酸盐质小行星，一般在穿越大气层时会燃烧殆尽，造成天空的火流星现象。而直径在 200 m 以上小行星，撞击进入地球海洋中时，造成的海啸可以传播几千千米，浪高达 0.2 ~ 1 km。随着小行星直径的增加，其影响的范围和造成海啸的高度更为严重。图 7.1 为小行星直径与撞击概率及能量的关系，直径大于 10 km 的小行星会造成全球性灾难，包括浮尘长期遮蔽天空、酸雨、增强温室效应等。

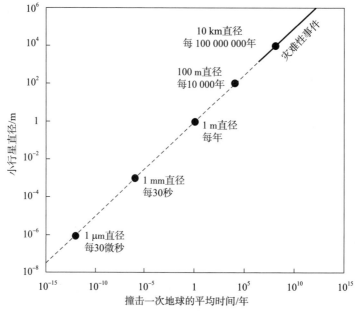

图 7.1　小行星直径与撞击概率及能量的关系（Germano D' Abramo）

从地质观测中，我们可以推断地球大约每隔几亿年都会被直径几千米以上小行星撞击一次。我们可以通过 Shoemaker 公式估算撞击坑的尺寸为

$$d = 0.074C_f(g_e/g)^{1/6}(W\rho_a/\rho_t)^{1/3.4} \tag{7.1}$$

式中，d 为撞击坑直径；C_f 为撞击系数（撞击坑大于 4km 时为 1.3）；g_e 为地球加速度；g 为被撞击物体加速度；W 为撞击能量（单位为千吨 TNT）；ρ_a 为小行星密度；ρ_t 为被撞击物体密度。

从式（7.1）计算我们可以知道一个直径 150 km 的 C 类小行星，在地面可以产生直径大约为 94 km 的撞击坑。

7.1.2　微流星与陨石

微流星来源于围绕太阳或其他行星、卫星运动的固态颗粒，它们太小以至于无法形成小行星或彗星。它们一方面来自太阳系形成初期的尘埃物质，另一方面来自小行星的剥蚀或撞击产物。在地球上空 80～100 km，微流星剧烈燃烧殆尽。流星燃烧的时间很短，大约几秒，而且燃烧亮度必须是在 200 km 附近才能发现。根据通量估算，每天大约有 2 500 万颗发光的流星穿过天空，质量大约 100 t。

来源于相近轨道的大量流星，被称为流星雨。根据时节不同，每年有英仙座流星雨、狮子座流星雨等。在地球上空的流星飞行速度为 11～30 km/s，它们因为直径不同可以穿透不同的大气距离，当流星未完全燃烧时，落到地面就成为陨石。与大直径流星相比，大量微小直径流星是我们关注的重点，其直径和通量分布如图 7.2 所示。

根据多年观测的数据，我们可以建立模型描述地球附近流星的通量分布。国际上常采用 Grün 模型，其表述如下。

$$F_c(m,h) = F(m)\chi_i(h)G_e(h) \tag{7.2}$$

式中，$F_c(m,h)$ 为轨道高度 h 位置，质量大于 m 的流星通量；$F(m)$ 为 1AU 位置质量大于 m 的流星通量；$\chi_i(h)$ 为地球屏蔽因子；$G_e(h)$ 为地球引力因子。

根据 ESA 模型，1AU 附近流星通量随质量关系为

$$F(m) = 3.155\,76 \times 10^7[F_1(m) + F_2(m) + F_3(m)] \tag{7.3}$$

$$F_1(m) = (2.2 \times 10^3 m^{0.306} + 15.0)^{-4.38}, \quad 10^{-9}g < m < 1g \tag{7.4}$$

$$F_2(m) = 1.3 \times 10^{-9}(m + 10^{11}m^2 + 10^{27}m^4)^{-0.36}, \quad 10^{-14}g < m < 10^{-9}g \tag{7.5}$$

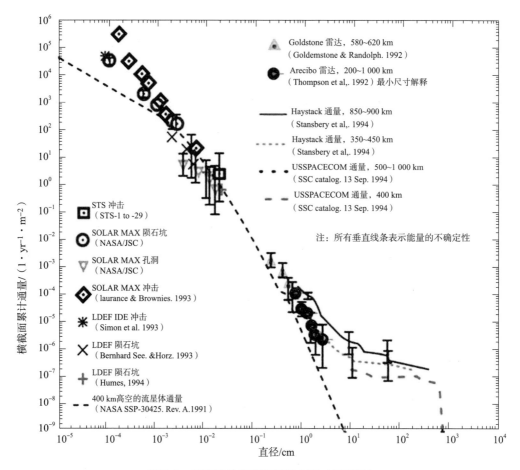

图 7.2 微流星的直径和通量分布（见彩插）

$$F_3(m) = 1.3 \times 10^{-16} \ (m + 10^6 m^2)^{-0.85}, \ 10^{-18}g < m < 10^{-14}g \qquad (7.6)$$

式中，m 为微流星质量。

考虑到地球的屏蔽作用，屏蔽因子 χ_i 为 $\chi_1 = 1$，表面法向朝向太空；$\chi_2 = \frac{1}{2}(1 + \cos\theta)$，表面法向介于地球与太空之间；$\chi_3 = \cos\theta$，表面法向朝向地球。

假设大气层高度为 h_a，地球半径为 r_e，h 为航天器高度，如图 7.3 所示。

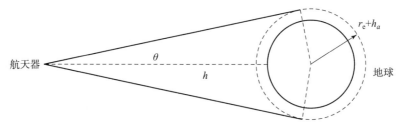

图 7.3 地球屏蔽示意

我们可以计算得到地球引力系数为

$$G_e(h) = 1 + \frac{r_e + h_a}{r_e + h} \tag{7.7}$$

由式（7.2）~式（7.7）我们可以评估得到地球上空不同轨道高度的微流星撞击概率情况。

当微流星未完全燃烧时，落到地面就成为陨石。陨石可以被分为石质、石铁质和铁质 3 种类型，大多数陨石为球粒状石质陨石。非球粒状陨石也被认为是石质的，但其形成与演化过程不同。非球粒状陨石在母星经历了融合和重新结晶的过程。橄榄石、铁陨石是石铁质的，由陨铁和橄榄石混合组成。研究陨石的重要任务之一就是确定陨石的来源。一些在南极洲发现的非球粒状陨石经研究发现与月球岩石的成分接近，因此其来源被确定为月球。还有大量其他陨石未能确定来源，虽然有些证据表明它们可能来自火星或其他行星。

7.2　空间碎片

7.2.1　空间碎片的产生

1957 年，斯普特尼克 1 号人造地球卫星升空。截至 2020 年，人类已经进行了大约 5 560 次发射，向太空中发射了大约 9 600 个航天器。目前，仍有 5 500 个航天器在轨，而具备正常功能的只有大约 2 300 个。发射和在轨运行期间，航天器会产生大量的碎片，大的碎片为废弃的航天器，小的碎片只有 μm 量级。空间碎片被定义为在空间中无功能作用的人造物体。图 7.4 所示为 1960 年至 2020 年空间物体数量变化趋势，空间物体一直呈指数增加。增加的主要原因是由于航天活动日趋频繁，航天活动中航天器撞击或解体形成大量新的碎片。

根据统计模型，目前在轨空间碎片直径 10cm 以上的约 34 000 个，1 ~ 10 cm 约 90 万个，而大于 1 mm 小于 1 cm 的空间碎片约 1.28×10^8 个。LEO 由于航天活动频繁，其空间碎片十分庞大，如表 7.2 所示。这些空间碎片在地球大气层以上区域长期停留直至重入大气层，爆炸或与其他碎片碰撞产生更多碎片。

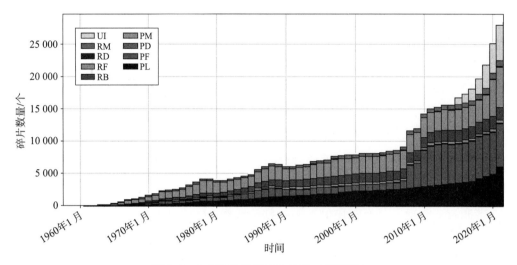

图 7.4 空间物体数量变化趋势（见彩插）

表 7.2 LEO 空间碎片数量分布

空间碎片尺寸/cm	LEO 轨道碎片数量	潜在风险
>10	>26 000	灾难性
>1	>500 000	任务失败、隔热层穿孔、航天器关键部位破裂
>0.1	>10^8	表面剥蚀、观察窗破裂、航天服穿孔、燃料罐泄漏、航天器关键部位损坏

2020 年 1 月初，在轨人造物体总质量超过 8 000 t，其中空间碎片占多数。空间碎片的来源包括三个方面：航天发射活动，航天器发射过程中，火箭末端脱离所产生残骸，以及任务物体和航天器，都可能成为新的空间碎片；航天器废弃或解体，航天器任务结束时，如果无法主动再进入地球大气层，将成为空间碎片，航天器解体包括操作不当导致解体、反卫星实验和航天器之间碰撞等；喷射物或剥落物，航天器或火箭燃烧喷射未完全的液态燃料、航天器表面老化剥落的材料等。

在自然情况下，空间碎片的消失主要是受到大气阻力而降低轨道进入大气层燃烧。在这个过程中，太阳光压和天体潮汐引力可以起到辅助作用。不过，随着轨道高度的增加，大气密度指数下降，MEO 以上航天器受到的大气阻力十分稀少，导致大量的空间碎片需要经历几百年乃至几万年才可能形成自然坠落过程。因此，人工减少空间碎片的方法显得十分必要。目前，清除空间碎片的方法包括主动回收、激光增压降轨等，但该技术距离实用仍有较大的困难。

空间碎片数量随轨道高度的分布如图 7.5 所示。对空间碎片的探测方式分为地基和天基两种，其中地基又分为雷达探测和光学探测两种。雷达探测主要用于 LEO 空间碎片探测，而光学探测用于高轨。由于光学探测的光源来源于太阳，空间碎片的光学反射强度与距离的平方呈反比，即

$$I_{\text{optic}} \sim 1/r^2 \tag{7.8}$$

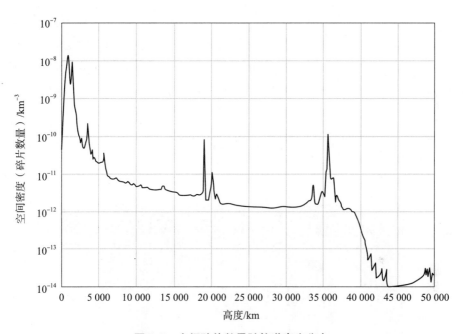

图 7.5　空间碎片数量随轨道高度分布

对于雷达探测，其信号来源于雷达本身。因此，雷达探测空间碎片的反射强度与距离的关系为

$$I_{\text{radar}} \sim 1/r^4 \tag{7.9}$$

因此，光学探测比雷达探测更适合高轨道空间碎片。不过，雷达探测也有其独特的优势，雷达探测可以不受天气情况影响，而且日夜都可以进行。地面雷达探测又分为机械雷达和电子雷达。机械雷达主要通过抛物线反射天线对视角内的物体进行探测，主要用于跟踪和卫星成像。而电子雷达主要用于相位阵列天线，可以多个目标同时被探测和测量，主要用于跟踪和搜索目标。

在跟踪模式中，雷达通过反射电波的信息，获得被探测物体的轨道参数信息，包括轨道高度、目标大小、目标形貌、球面系数、质量和材料等。以 NASA 的 Haystake 雷达为例，Haystake 雷达建立了 10 万个以上最小直径 1 cm 的空间目标数

据库。

当空间碎片进入地球大气层燃烧时，其轨迹可以被追踪到。空间碎片在大气层中燃烧时间最长可以达到 45 min。燃烧所产生的等离子体可以被 50 MHz 雷达反射波所探测到，通过该方法可以测量到 100 μm 的空间碎片。目前，雷达测量在国内外都有多个基站正在进行，测量的范围多为直径 1 cm 以上在轨碎片。国际上有多个雷达站协同测量，为空间碎片数据库的建立奠定基础，我国也积极参与其中。

除了地基雷达和光学探测，天基探测也是空间碎片监测的重要方法。天基探测多为被动测量，即通过收集空间碎片撞击信息来判断其分布情况，探测对象多为直径 1 mm 以下空间碎片。天基探测包括采用半导体探测器、压电薄膜、金属栅网等方式，例如 ESA 的 GORID 探测器（如图 7.6 所示），以及 OMDC 和 LDEF 卫星试验等。

图 7.6　ESA 研制的 GORID 空间碎片探测器（见彩插）

7.2.2　空间碎片撞击效应与防护

空间碎片与航天器的撞击效应属于超高速撞击现象，不同于常规撞击效应。当高速碎片撞击到航天器表面材料时，碎片和撞击材料都会产生激波，激波控制碎片撞击效应。当撞击材料较薄时，即撞击材料厚度 t_s 与入射碎片距离 d 满足 $\dfrac{t_s}{d} \ll 1$。在材料背面撞击产生的反射激波与入射碎片的压缩激波相叠加，此时压缩激波无法充分加热材料，被撞击材料在激波叠加区域破碎，留下与入射碎片接近的形状。

当撞击材料厚度增加时，将达到一个临界值，反射激波与压缩激波在撞击点相当。此时，激波将受到撞击峰值压力的影响，使入射碎片熔化或蒸发。同时激波沿撞击点以球形径向传播，入射碎片和撞击材料都受到破坏。如果撞击材料厚度远大于入射碎片直径，反射激波来不及与压缩激波叠加，入射碎片将部分熔化或蒸发，同时嵌入撞击材料中。

在超高速撞击过程中，撞击坑的直径取决于多方面因素。当撞击材料较薄入射碎片完全穿透时，撞击直径与入射碎片直径接近。而当撞击材料较厚时，撞击坑直径与撞击能量密切相关。假设撞击坑是半球形且所有撞击能量都转化为热能熔化入射碎片，Swift 等人给出一个估算公式为

$$\frac{4}{3}\pi \left(\frac{d_m}{2}\right)^3 \frac{\rho_m v_m^2}{2} = \frac{1}{2} \cdot \frac{4}{3}\pi \left(\frac{d_c}{2}\right)^3 H_f \tag{7.10}$$

式中，d_m 为入射碎片尺寸；ρ_m 为碎片密度；v_m 为碎片入射速度；d_c 为撞击坑直径；H_f 为撞击融合的热能。

由式（7.10）可以得到更为广泛应用的式子为

$$\frac{d_c}{d_m} = \left(\frac{\rho_m v_m^2}{2E_0}\right)^{1/3} \tag{7.11}$$

式中，E_0 为 H_f 的一半，即能量密度值，通常取常数。

例如低密度碎片撞击铝板，E_0 近似取值为 $10^9\ \mathrm{J/m^3}$。广泛应用的拟合公式被称为 Cour – Palais 公式。

$$d_c = C d_m^{1.056} \rho_m^{0.519} v_m^{2/3} \tag{7.12}$$

式中，d_c 和 d_m 单位为 cm；ρ_m 单位为 $\mathrm{g/cm^3}$；v_m 单位为 km/s；C 为衡量撞击材料特征和温度的常数。

空间碎片撞击对航天器是十分危险的，因此必须做好航天器防护。航天器防护的方法分为主动和被动两种。主动防护主要是提前预知空间碎片的位置进行轨道规避操作，被动防护主要是通过提前评估空间碎片的撞击概率，在较低撞击概率的轨道上运行航天器，并且对航天器重点部位适当地进行加固措施。

空间碎片风险评估涉及空间碎片分布模型。通过多年的观测，我们可以建立空间碎片模型来比较不同轨道高度的碎片分布和撞击风险。由于各国探测建立的数据库不同，建立的空间碎片模型也略有差别，典型的有美国 NASA 的 ODEM（Orbital Debris Engineering Model）系列模型、ESA 的 MASTER 模型，以及俄罗斯空间局的 SDPA（Space Debris Prediction and Analysis）模型。这些模型多为 LEO，涉及碎片最小直径不等，范围从 1 μm 到 1 m。

对空间碎片撞击风险的评估，直接决定了航天器的轨道设计和防护设计。特别是对大型通信星座的设计，这点至关重要。以 10 m² 截面积的卫星为例，不同轨道高度的空间碎片撞击风险如表 7.3 所示。

表 7.3 不同轨道高度的空间碎片撞击概率

轨道高度/km \ 碎片尺寸/cm	撞击概率/(a·次⁻¹)		
	0.1~1.0	1~10	>10
500	10~100	3 500~7 000	150 000
1 000	3~30	700~1 400	20 000
1500	7~70	1 000~2 000	30 000

GEO 的情况更为复杂，因为 10 cm 以下空间碎片常常无法探测。而且 GEO 的空间碎片在自然作用下轨道衰减得极其缓慢。目前，已编目的空间碎片对 GEO 航天器撞击时间大约 10^5 a/次。

为更准确地评估空间碎片撞击概率，我们可以采用泊松分布。

$$p(k, \lambda t) = \frac{1}{k!} (\lambda t)^k \mathrm{e}^{-\lambda t} \tag{7.13}$$

式中，p 为撞击概率；k 为撞击次数；λ 为单位时间的平均撞击次数；t 为时间。

当 k 取 0 时，即未遭受空间碎片撞击的概率为

$$p(0, \lambda t) = \mathrm{e}^{-\lambda t} \tag{7.14}$$

因此，遭受一次以上的空间碎片撞击概率为

$$p(k \geqslant 1, \lambda t) = 1 - p(0, \lambda t) = 1 - \mathrm{e}^{-\lambda t} \tag{7.15}$$

对于 λ，我们可以采用空间碎片通量函数和航天器截面积来计算，对应关系为

$$\lambda = F(m)A \tag{7.16}$$

式中，$F(m)$ 为空间碎片直径或质量在 m 以上的积分通量，可以通过 ODEM 等模型得到；A 为航天器截面积。

[**例题**] 假设航天器的截面积为 2.5 m²，运行在 400 km 轨道高度，求其在 1 年内遭受 1 次及以上，直径大于 1cm 空间碎片撞击的概率。

解答：根据 ODEM 模型可以得到 400 km 轨道高度直径 1 cm 以上空间碎片通量为 $5 \times 10^{-7} m^{-2}/a$，因此我们可以求得

$$\lambda = F(m)A = 5 \times 10^{-7} \times 2.5 = 1.25 \times 10^{-6} \ (a) \tag{7.17}$$

因此根据式（7.15）遭受一次以上空间碎片撞击概率为

$$p(k \geq 1, \lambda t) = 1 - e^{-\lambda t}$$
$$= 1 - \exp(-1.25 \times 10^{-6} \times 5) = 6.25 \times 10^{-6} \ (a) \tag{7.18}$$

空间碎片的危害还有再入轨问题。一些火箭发射的残骸，以及废弃的卫星或空间站重新进入大气层坠毁时，可能会造成地面的撞击效应、大气中化学污染和电离层辐射干扰。空间碎片随轨道高度的不同，再入轨时间也有所差别。600 km 以下轨道高度的空间碎片，通常几年内会重入地球大气层，而 800 km 轨道高度的需要几十年，1 000 km 以上轨道的通常需要 1 个世纪或更长时间。

目前，没有严重的空间碎片再入轨后撞击地面的事件发生，这主要归因于人类生活面积只占地球表面积很小的一部分。另外，大量的空间碎片再入轨时解体燃烧殆尽。不过，也有极端的情况发生。例如 1979 年，美国"天空"号空间站坠落，将众多的碎片散落在澳大利亚西部荒漠，而 1978 年苏联核卫星的核反应堆陨落在加拿大北部冰原，造成了 800 km 反射性污染带。

总之，空间碎片是航天安全的重要课题，而且随着航天器活动的增加而更为紧迫和严重。目前，已有多种主动回收或减缓方法在实验中，预计不久的未来将出现新的技术手段，用于有效地减少空间碎片撞击风险。

7.3 习　　题

1. 小行星的分类包括哪些？近地小行星是如何定义的？近地小行星根据其轨道特征又分为几类？

2. 计算直径 10 km 小行星在地面可以产生撞击坑的直径大小。

3. 试根据 Grün 模型计算质量 $10^{-9} \sim 1$ g 微流星在航天器朝向地球一面和背向地球一面的通量。

4. 空间碎片的产生与消失途径有哪些？如何有效地减少空间碎片？

5. 空间碎片随高度是如何变化的？采用雷达探测时主要限制是什么？

6. 空间碎片的探测主要方式包括哪些？可探测碎片的直径范围为多少？

7. 试用 Cour – Palais 公式计算直径 1 cm 铝球，在 800 km 航天器的铝板结构上的撞击坑直径大小。

8. 采用 ODEM 模型，计算截面积 2 m^2 航天器在 800 km 轨道高度，1 年内受到 1 cm 以上碎片撞击的概率。

9. 试计算球形卫星朝向地球面（截面积 2.5 m^2），在发射后一年内受到质量 10^{-3} g 微流星 1 次及以上的撞击概率。

10. 空间碎片的清除方式主要有哪些？受到哪些因素限制？

附录

空间环境主要模型在线计算及参考网址

1. 地球磁场国际参考模型 IGRF – 13

https：∥ccmc. gsfc. nasa. gov/modelweb/models/igrf_vitmo. php

2. 地球标准大气参考模型 NRLMSISE – 00

https：∥ccmc. gsfc. nasa. gov/modelweb/models/nrlmsise00. php

3. 国际电离层参考模型 IRI – 2016

https：∥ccmc. gsfc. nasa. gov/modelweb/models/iri2016_ vitmo. php

4. 地球辐射带粒子 AP – 8/AE – 8 模型

https：∥ccmc. gsfc. nasa. gov/modelweb/models/trap. php

5. 地球等离子体层模型 GCPM

https：∥plasmasphere. nasa. gov/models/

6. 地球重力异常模型 EGM2008

https：∥bgi. obs – mip. fr/data – products/grids – and – models/egm2008 – global – model/

7. GOCE 卫星全球引力场网格化数据

https：∥earth. esa. int/eogateway/catalog/goce – global – gravity – field – models – and – grids

8. 地球磁层模型 TS05

http：∥geo. phys. spbu. ru/ ~ tsyganenko/modeling. html

9. 地磁坐标转换 GEOPACK

http：∥geo. phys. spbu. ru/ ~ tsyganenko/Geopack – 2008. html

10. SDO 卫星观测数据

https：//sdo. gsfc. nasa. gov/

11. 地球磁场截止刚度计算

https：//ccmc. gsfc. nasa. gov/modelweb/sun/cutoff. html

12. 宇宙线模型 CREME - 96

https：//nom. esa. int/models/creme - 96 - gcr

13. 金星电离层模型

https：//ccmc. gsfc. nasa. gov/modelweb/planet/pv_ionos. html

14. 行星大气模型

https：//atmos. nmsu. edu/

15. SPENVIS 环境及效应在线计算

https：//www. spenvis. oma. be

16. NOAA 空间环境数据及预报

https：//www. swpc. noaa. gov/

参 考 文 献

［1］ Bothmer D V, Daglis D. Space weather-physics and effects ［D］. Berlin Heidelberg: Springer, 2007.

［2］ Scherer K, Fichtner H, Heber B, Mall U. Space weather: the physics behind a slogan ［M］. Berlin: Springer Science & Business Media, 2005.

［3］ Daglis I A. Effects of space weather on technology infrastructure ［M］. Netherlands: Springer, 2005.

［4］ 艾伦·C·特里布尔. 空间环境 ［M］. 北京: 中国宇航出版社, 2009.

［5］ 文森·L·皮塞卡. 空间环境及其对航天器的影响 ［M］. 北京: 中国宇航出版社, 2011.

［6］ Lilensten J, Bornarel J. Space weather, environment and societies ［M］. Netherlands: Springer, 2006.

［7］ Medina N H, Silveira M A G, Added N, et al. Brazilian facilities to study radiation effects in electronic devices ［C］. 2013 14th. European Conference on Radiation and Its Effects on Components and Systems（RADECS）. IEEE, 2013: 1 − 7.

［8］ Wyrsch N, Ballif C. Review of amorphous silicon based particle detectors: the quest for single particle detection ［J］. Semiconductor Science and Technology, 2016, 31（10）: 103005.

［9］ H M Antia, Arvind Bhatnagar, Peter Ulmschneider. Lectures on solar physics ［M］. Berlin: Springer Science & Business Media, 2003.

［10］ 杨志良, 景海荣. 太阳物理概论 ［M］. 北京: 清华大学出版社, 2015.

［11］ Hanslmeier A. The sun and space weather ［M］. Netherlands: Springer, 2007.

［12］ National Aeronautics and Space Administration, Brian Dunbar. The sun ［DB/

OL］. https：//www. nasa. gov/sun.

［13］ Vita-Finzi C. The sun：A User' Manual ［M］. Berlin：Springer Science & Business Media，2008.

［14］ Charbonneau P. Dynamo models of the solar cycle ［J］. Living Reviews in Solar Physics，2020，17（1）：1 – 104.

［15］ Kivelson M G，Russell C T，Book-received-introduction to space physics ［J］. Science，1995，269：862.

［16］ Massol H，Hamano K，Tian F，et al. Formation and evolution of protoa-tmospheres ［J］. Space Science Reviews，2016，205（1）：153 – 211.

［17］ Tilman Spohn，Doris Breuer，Torrence V. Johnson encyclopedia of the solar system ［M］. Amsterdam：Elsevier，2014.

［18］ 杨钧烽. 中纬度临近空间大气风场变化特性研究 ［D］.北京：中国科学院国家空间科学中心，2016.

［19］ 吕达仁，卞建春，陈洪滨，等. 平流层大气过程研究的前沿与重要性 ［J］.地球科学进展，2009，24（3）：221 – 227.

［20］ 姚志刚，孙睿，赵增亮，等. 风云三号卫星微波观测的临近空间大气扰动特征 ［J］.地球物理学报，2019，62（2）：473 – 488.

［21］ 韩丁，盛夏，尹珊建，等. 临近空间大气温度和密度特性分析 ［J］.遥感信息，2017，32（3）：17 – 24.

［22］ Conte J F，Chau J L，Peters D H W. Middle and high latitude mesosphere and lower thermosphere mean winds and tides in response to strong polar night jet oscillations ［J］. Journal of Geophysical Research：Atmospheres，2019，124（16）：9262 – 9276.

［23］ Mingalev I V，Mingalev V S，Mingaleva G I. Numerical simulation of the global distributions of the horizontal and vertical wind in the middle atmosphere using a given neutral gas temperature field ［J］. Journal of Atmospheric and Solar-Terrestrial Physics，2007，69（4 – 5）：552 – 568.

［24］ 徐文耀. 地磁学 ［M］.北京：地震出版社，2003.

［25］ Amit H，Choblet G，Olson P，et al. Towards more realistic core-mantle boundary heat flux patterns：a source of diversity in planetary dynamos ［J］. Progress in Earth and Planetary Science, 2015, 2 (1): 1 – 26.

[26] British Geological Survey. The earth's magnetic field: an overview [DB/OL].
http://www. geomagnetism. bgs. ac. uk/education/earthmag. html.

[27] Wicht J, Tilgner A. Theory and modeling of planetary dynamos [J]. Space science
reviews, 2010, 152 (1 – 4): 501 – 542.

[28] Cordaro E G, Venegas P, Laroze D. Latitudinal variation rate of geomagnetic cutoff
rigidity in the active Chilean convergent margin [C]//Annales Geophysicae.
Copernicus GmbH, 2018, 36 (1): 275 – 285.

[29] Haynes J M. Methods of low gravity simulation [J]. Bulletin of Materials Science,
1982, 4 (2): 75 – 83.

[30] Brungs S, Egli M, Wuest S L, et al. Facilities for simulation of microgravity in the
ESA ground-based facility program [J]. Microgravity science and technology,
2016, 28 (3): 191 – 203.

[31] National Aeronautics and Space Administration. Kevin M. McPherson. principal
investigator microgravity services [DB/OL]. [2019 – 11 – 25]. https://
gipoc. grc. nasa. gov/wp/pims. 11. 25. 2019.

[32] Piel A. Plasma physics: an Introduction to laboratory, space, and fusion plasmas
[M]. Berlin: Springer Science & Business Media, 2010.

[33] Bilitza D, McKinnell L A, Reinisch B, et al. The international reference
ionosphere today and in the future [J]. Journal of Geodesy, 2011, 85 (12):
909 – 920.

[34] Bilitza D, Brown S A, Wang M Y, et al. Measurements and IRI model predictions
during the recent solar minimum [J]. Journal of Atmospheric and Solar-Terrestrial
Physics, 2012, 86: 99 – 106.

[35] National Aeronautics and Space Administration, Dr D L, Gallagher. The earth's
plasmasphere [DB/OL]. [2018]. https://plasmasphere. nasa. gov/.

[36] Bassiri S, Hajj G A. Higher-order ionospheric effects on the global positioning
system observables and means of modeling them [J]. Manuscripta geodaetica,
1993, 18 (5): 280 – 280.

[37] Schunk R, Nagy A. Ionospheres: physics, plasma physics, and chemistry [M].

Cambridge university press，2009.

［38］Garrett H B，Whittlesey A C. Spacecraft charging，an update ［J］. IEEE transactions on plasma science，2000，28（6）：2017－2028.

［39］原青云. 航天器带电理论及防护［M］.北京：国防工业出版社，2016.

［40］亨利·B·加略特，艾伯特·C·威特利斯，Garret H，et al，航天器充电效应防护设计手册［M］.北京：中国宇航出版社，2016.

［41］Potgieter M S. The modulation of galactic cosmic rays in the heliosphere：Theory and models ［J］. Space Science Reviews，1998，83（1）：147－158.

［42］Jokipii J R. Cosmic-ray propagation. I，Charged particles in a random magnetic field ［J］. the astrophysical journal，1966，146：480.

［43］Wikimedia Foundation，Van Allen radiation，belt，Wikipedia. The free encyclopedia ［DB/OL］.［2020］. http://en. wikipedia. org/wiki/Van _ Allen _ radiation_belt. 2020.

［44］Vampola A L. The hazardous space particle environment ［J］. IEEE transactions on plasma science，2000，28（6）：1831－1839.

［45］Gussenhoven M S，Mullen E G. Space radiation effects program：an overview ［J］. IEEE Transactions on nuclear Science，1993，40（2）：221－227.

［46］陈国云. 辐射剂量学［M］.北京：科学出版社. 2018.

［47］Hastings D，Garrett H. Spacecraft-environment interactions ［M］. Cambridge University Press，2004.

［48］Swingler J. Reliability characterisation of electrical and electronic systems ［M］. Elsevier，2015.

［49］Lanzerotti L J，Breglia C，Maurer D W，et al. Studies of spacecraft charging on a geosynchronous telecommunications satellite ［J］. Advances in Space Research，1998，22（1）：79－82.

［50］Ryden K A，Morris P A，Rodgers D J，et al. Improved demonstration of internal charging hazards using the 'Realistic Electron Environment Facility（REEF）' ［C］. Proc. 8th Spacecraft Charging Technol. Conf. 2003：20－24.

［51］Gross B，Sessler G M，West J E. Charge dynamics for electron-irradiated polymer-foil electrets ［J］. Journal of Applied Physics，1974，45（7）：2841－2851.

［52］ Hanslmeier A. The sun and space weather ［M］. Berlin: Springer Science & Business Media, 2007.

［53］ National Aeronautics and Space Administration ［DB/OL］. www. spaceplace. nasa. gov/asteroid.

［54］ Asteroids. Prospective energy and material resources ［M］. Springer Science & Business Media, 2013.

［55］ Huntoon P W, Shoemaker E M, Roberts Rift, Canyonlands, Utah. A natural hydraulic fracture caused by comet or asteroid impact ［J］. Groundwater, 1995, 33 (4): 561 –569.

［56］ Heimerdinger D J. Orbital debris and associated space flight risks ［C］. Annual Reliability and Maintainability Symposium, 2005. Proceedings. IEEE, 2005: 508 –513.

［57］ Dikarev V, Grün E, Baggaley J, et al. The new ESA meteoroid model ［J］. Advances in Space Research, 2005, 35 (7): 1282 –1289.

［58］ Letizia F, Lemmens S. Evaluation of the debris environment imapct of the ESA fleet ［C］. 8th European Conference on Space Debris, Darmstadt. 2021.

［59］ Gleghorn G, Asay J, Atkinson D, et al. Orbital debris: a technical assessment ［M］. National Academy Press, 1995.

［60］ Drolshagen G, Svedhem H, Grün E, et al. Microparticles in the geostationary orbit (GORID experiment) ［J］. Advances in Space Research, 1999, 23 (1): 123 – 133.

［61］ Vavrin A B, Manis A P, Seago J, et al. NASA orbital debris engineering model ORDEM 3. 1-software user guide ［J］. 2019.

彩 插

图 1.1　日地空间环境现象的研究路线（来源于 NASA）

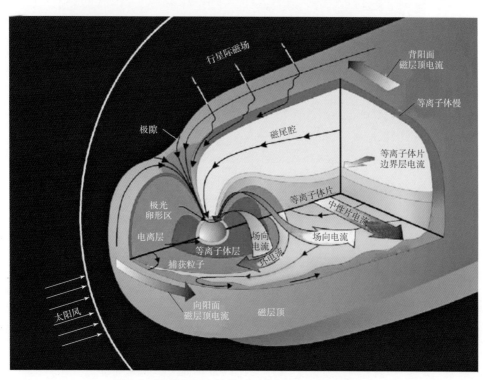

图 1.3　地球空间电流体系（来源于 Craig Pollock）

图1.5 美国新泽西州烧毁的变压器（来源于 Minnesota Electric Company）

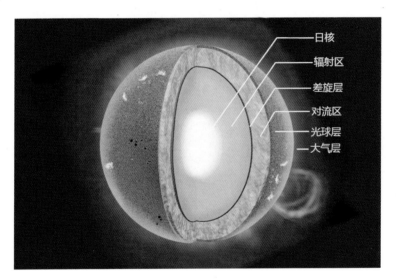

图2.1 太阳结构分层

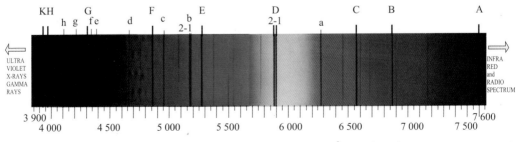

图2.6 太阳发射的可见光（4 000～7 000 Å）吸收光谱

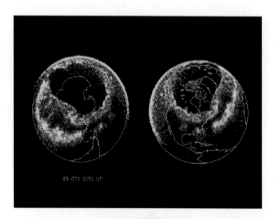

图 2.16　1989 年南极极光观测（左）及
北半球反演图（右）

图 3.1　金星的大气云层

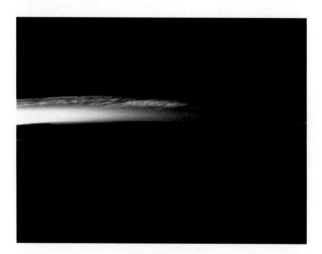

图 3.3　夜光云

图 3.4　极光

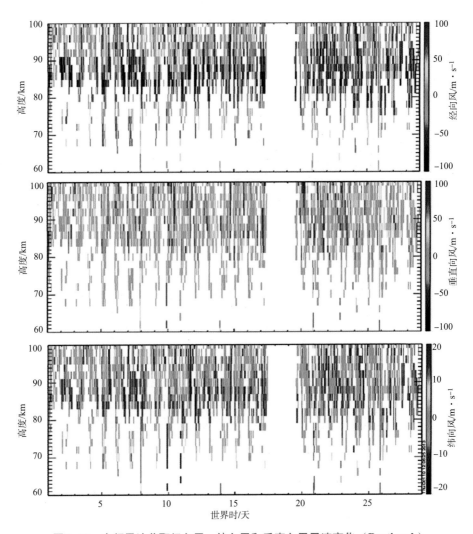

图 3.12　中频雷达获取经向风、纬向风和垂直向风风速变化（Pontianak）

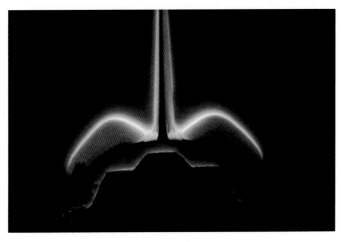

图 3.20　航天飞机尾部辉光

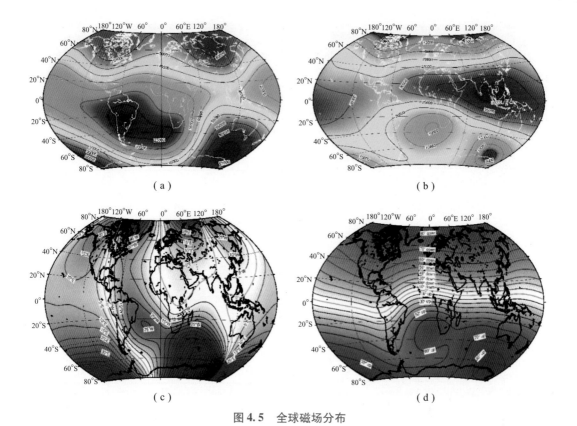

图 4.5　全球磁场分布

（a）磁场总强度分布；（b）磁场 H 分量强度分布；（c）磁偏角 D 分量强度分布；（d）磁倾角 I 分量强度分布

图 4.8　中性浮力装置

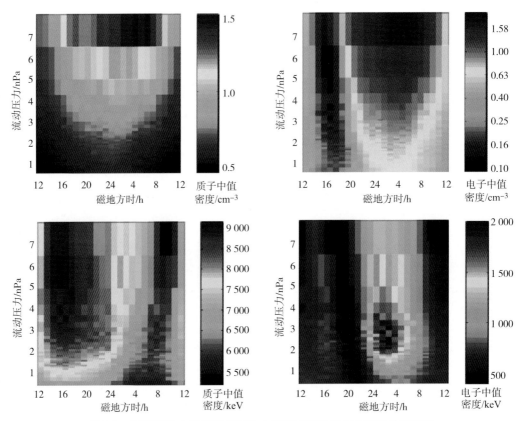

图 5.2　等离子体中离子和电子的中值密度和温度与太阳风动压关系

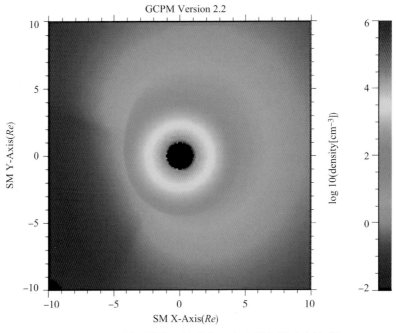

图 5.7　GCP 模型等离子体分布（中心黑色圆形为地球）

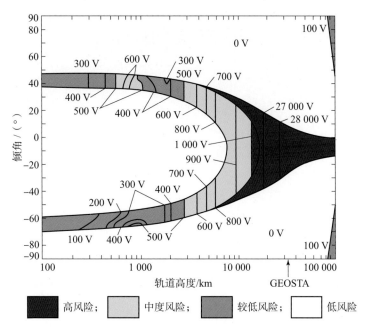

图 5.10　不同轨道高度和倾角与卫星的充电风险程度

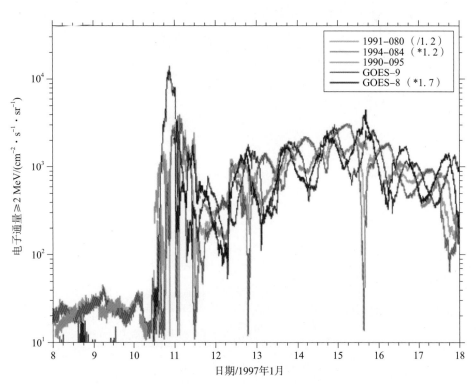

图 6.14　1997 年 1 月的突发性增强事件中 5 颗同步卫星测得 >2 MeV 的高能电子通量

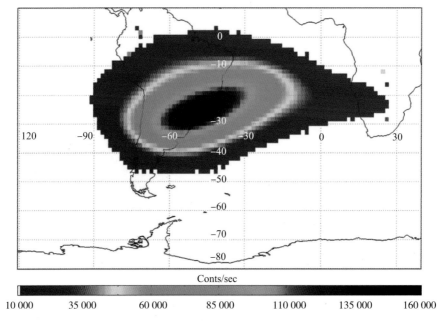

图 6.15 南大西洋异常区（10 MeV 以上质子分布）

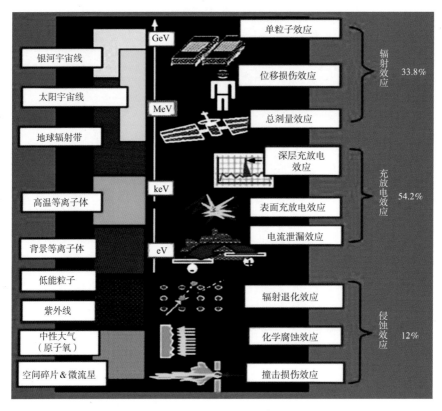

图 6.16 空间环境和环境效应及航天器故障比例

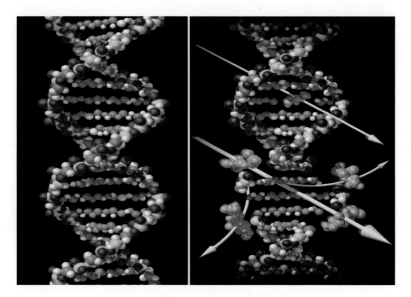

图 6.22 生物辐射效应导致 DNA 键被破坏

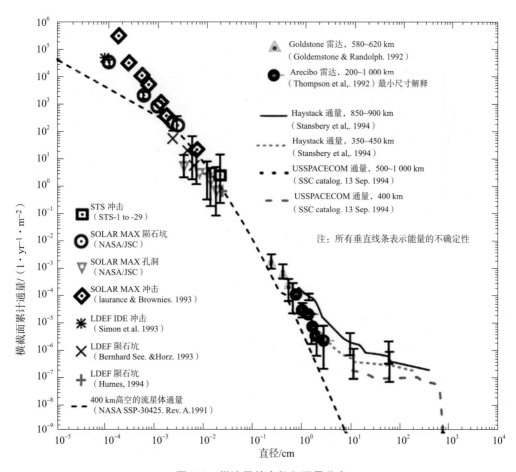

图 7.2 微流星的直径和通量分布

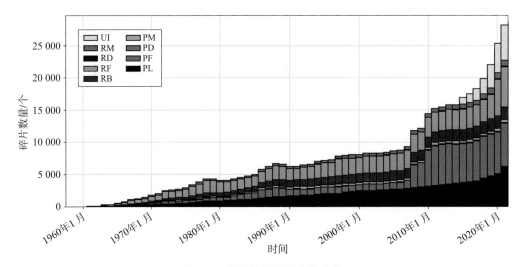

图 7.4　空间物体数量变化趋势

图 7.6　ESA 研制的 GORID 空间碎片探测器